复旦大学陶瓷考古论坛文集之一

两宋之际的中国制瓷业

复旦大学科技考古研究院
慈 溪 市 博 物 馆 编

沈岳明 郑建明 主编

文物出版社

图书在版编目（CIP）数据

两宋之际的中国制瓷业 / 沈岳明，郑建明主编. --
北京：文物出版社，2019.10
ISBN 978-7-5010-6323-9

Ⅰ.①两… Ⅱ.①沈…②郑… Ⅲ.①陶瓷工业—手
工业史—中国—宋代—文集 Ⅳ.①TQ174-092

中国版本图书馆CIP数据核字(2019)第225979号

两宋之际的中国制瓷业

编　　者：复旦大学科技考古研究院　慈溪市博物馆
主　　编：沈岳明　郑建明

责任编辑：谷艳雪　王　媛
封面设计：程星涛
责任印制：张道奇
责任校对：陈　婧　李　薇

出版发行：文物出版社
社　　址：北京东直门内北小街2号楼
邮　　编：100007
网　　址：http://www.wenwu.com
邮　　箱：web@wenwu.com
经　　销：新华书店
印　　刷：河北鹏润印刷有限公司
开　　本：787mm×1092mm　1/16
印　　张：11.25
版　　次：2019年10月第1版
印　　次：2019年10月第1次印刷
书　　号：ISBN 978-7-5010-6323-9
定　　价：139.00元

目录

南宋时期的越窑

郑建明

（复旦大学科技考古研究院 / 文物与博物馆系）

一、南宋越窑的类型及其发展过程

两宋之际越窑遗址，从目前的考古材料来看，均位于古银淀湖地区，这里是上林湖、白洋湖、里杜湖和古银淀湖构成的广义的上林湖窑址群的西南角，已经处于窑址群的边缘地带，慈溪市区的东南边（插图一）。主要包括岑家山、寺龙口、张家地、低岭头、开刀山等几处（插图二）。寺龙口窑址于 1998~1999 年进行过大规模的发掘并出版了《寺龙口越窑址》大型考古发掘报告。

开刀山窑址群位于张家地窑址西边，编号彭 Y23~ 彭 Y27，共计 5 处窑址，其中彭 Y23、彭 Y27 相对独立，其余三处窑址连续分布于一个朝东北的山坡上。五处窑址的时

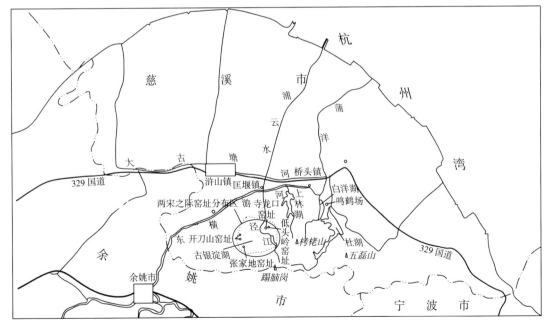

插图一　古银淀湖两宋之际窑址位置示意图

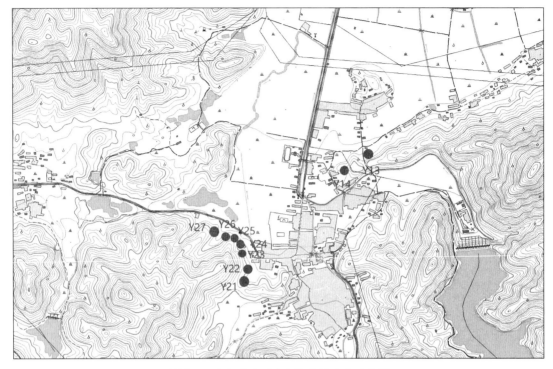

插图二　古银淀湖两宋之际窑址分布示意图

插图三　开刀山窑址

代可分成三个时期，以彭 Y27 最早，其次为彭 Y23，再次为彭 Y24～彭 Y26。（插图三）

彭 Y27 位于窑址群最北边，与东南边的彭 Y26 隔一个小山岙相望，窑址堆积（彩图一：1）主要分布于朝东南的山坡上，面积超过 2000 平方米。采集到的器物以碗为主，包括盘、盏、盒、灯、韩瓶等。胎质比较粗，通常夹杂较多的细砂粒与气孔，胎色较深，多呈深青灰色；釉色多呈青黄或青灰色，少量呈较绿的青绿色，均为薄的透明玻璃釉，釉面普遍较为枯涩，少量青绿色的釉面玻璃质感较强。以素面为主，少量器物有刻划花装饰，主要是粗刻花卉类纹样，无论题材还是装饰技术均沿袭传统的越窑风格。窑具主要是 M 形匣钵、垫圈与支烧具，匣钵与支烧具为粗陶质，垫圈为细陶质。装烧工艺主要包括匣钵装烧与裸烧两种。碗、盘类在匣钵内多件叠烧，器物之间及器物与匣钵之间用泥点间隔；也有匣钵单件装烧的，匣钵与器物之间使用垫圈垫烧，器物与垫圈之间、垫圈与匣钵之间使用泥点间隔。明火裸烧则是叠烧器物直接置于支烧具上烧造，器物之间、

插图四　彭Y23近景

器物与支烧具之间使用泥点间隔。间隔的泥点呈长条形，多连成圈状。这一类型的窑址产品以侈口、深弧腹、较高圈足的碗（彩图一：2）最具特征。

彭Y23位于开刀山的东南角，再往南是彭Y22张家地窑址，窑址基本坐西朝东，在地面上可以看到明显的窑炉凹陷区，两侧是隆起的废品堆积（插图四）。地面散落大量的窑具及瓷片等废品堆积，窑业面貌与彭Y21相似。

彭Y24~彭Y26位于中间朝东略偏北的弧凸形山坡上，有大量废品与窑具堆积，窑业面貌与张家地窑址比较接近，可以划归为同一类型。

综上，南宋时期的越窑遗址共包括彭Y13低岭头窑址、彭Y14寺龙口窑址、彭Y21岑家山窑址、彭Y22张家地窑址、彭Y23~彭Y26开刀山窑址共8处窑址，按窑业面貌可以划分成四个类型：第一个类型为岑家山类型，包括彭Y21岑家山窑址与彭Y23开刀山窑址；第二个类型是寺龙口类型，包括彭Y14寺龙口窑址、彭Y13低岭头窑址下层；第三个类型是张家地类型，包括彭Y22张家地窑址、彭Y24~彭Y26开刀山窑址；第四个类型是低岭头类型，包括彭Y13低岭头窑址上层。

（一）岑家山类型

岑家山类型产品器形以碗为主，包括侈口深弧腹高圈足碗、侈口深弧腹矮圈足碗、敞口深弧腹高圈足碗、敞口深弧腹矮圈足碗、敞口斜弧腹矮圈足斗笠碗、直口深腹盖碗、夹层碗、侈口浅弧腹大平底外撇圈足盘、侈口浅折腹大平底矮直圈足盘、敞口浅弧腹卧足盘、折敛口深弧腹卧足钵、侈口束颈深弧腹卧足钵、执壶、罐、玉壶春瓶、梅瓶、韩瓶、足面印兽面的三足炉、圈足与卧足的盒子、敛口鼓腹高圈足水盂、多管灯、灯盏等。

从器形看可以划分成两个类型：第一类包括侈口深弧腹高圈足碗（插图五：1）、

侈口深弧腹矮圈足碗（插图五：2）、敞口深弧腹高圈足碗、敞口深弧腹矮圈足碗（插图五：3）、敞口斜弧腹矮圈足斗笠碗（插图五：4）、夹层碗（插图五：5）、侈口浅弧腹大平底外撇圈足盘（插图五：6）、敞口浅弧腹卧足盘（插图五：7）、折敛口深弧腹卧足钵、侈口束颈深弧腹卧足钵（插图五：8）、执壶、罐、韩瓶（插图五：9）、圈足与卧足盒子（插图五：10）、敛口鼓腹高圈足水盂（插图五：11）、多管灯（插图五：12）、灯盏等。这些器物见于北宋晚期的越窑。第二类包括直口深腹盖碗（插图六：1）、玉壶春瓶（插图六：2）、梅瓶（插图六：3）、足面印兽面的三足炉（插图六：4）。这些器物不见于北宋传统的越窑，为新出现的器形。

均为白胎，胎色泛灰或青灰，胎质较疏松，内有较多的细小气孔。均为薄的透明玻璃釉，施釉均匀，多数器物为满釉，少数器物外底不施釉。釉色以青黄为主，亦有青绿

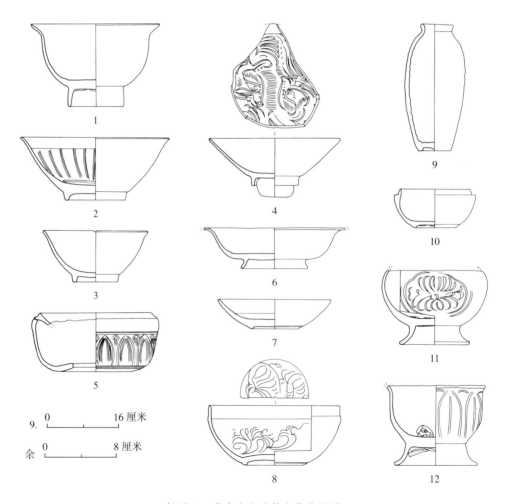

插图五　岑家山窑址越窑传统器形

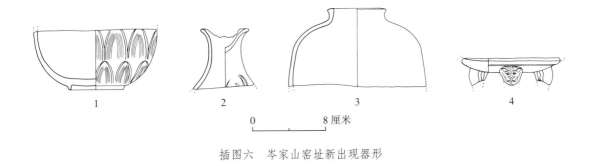

0 8厘米

插图六 岑家山窑址新出现器形

色、青灰色等。很多器物的釉面较为干枯滞涩或玻璃质感较强，缺乏润泽度。

流行装饰纹样，题材以花卉为主，包括缠枝牡丹纹、莲荷纹、菊花纹、莲瓣纹、兰草纹、射线纹、摩羯纹、仙鹤纹、波浪纹等。技法以细线划花与粗刻花为主，亦包括篦划、贴塑与花口等。纹饰主要见于碗、盘、钵类大口器物的内底、内腹或内外腹，盖碗、瓶、壶、罐、水盂类小口或带盖器物的外腹。流行粗刻划图案轮廓内填以篦纹的技艺，如莲荷纹、牡丹纹内腹填以篦划纹、莲瓣纹内填以细直条纹等。

纹饰题材也可以分成两类：第一类是缠枝牡丹纹（插图七：1）、莲瓣纹（插图七：2）、摩羯纹（插图七：3）、仙鹤纹（插图七：4）、侧视蝴蝶（插图七：5）、海涛纹（插图七：6）。这些纹饰自北宋早、中期越窑青瓷上即大量出现，北宋早期主要是细线划花（彩图一：3）；北宋中期除细线划花外，还流行粗刻花（彩图一：4），粗刻花的基本技法是以斜坡状的粗线条勾勒出轮廓，内填以极细的篦划纹作为花卉的茎络、禽鸟的羽毛等，形成多层次的构图；到了北宋晚期，刻花类技法进一步简化，基本上仅以粗疏的线条刻划轮廓，内多不再填以细划纹（彩图一：5）。整体上北宋时期的纹饰从细线划花向粗刻花、从刻划精细向刻划粗放转变。岑家山类型的同类纹饰部分继续沿袭图案不断简化、技法不断粗疏的趋势，同时又出现粗刻划图案轮廓内以细线填加的技法，这一构图技法与北宋中期极其相似，但其内填的细线又存在着较大的差别：北宋中期内填的细线纹一般是每条单独划出，多条成组，类似篦划纹，但每条线条之间距离不均，更自然活泼；南宋时期则用篦状工具篦划而成，线条整齐划一，但略显生硬呆板（彩图一：6）。第二类是菊花纹（插图八：1）、莲荷纹／兰草纹（插图八：2）、射线纹（插图八：3）、带篦划纹的莲瓣纹（插图八：4）等。这些纹饰在北宋时期的越窑不见或极其少见，是南宋时期新出现的。

窑具主要是匣钵、匣钵盖、垫圈与支烧具，均为夹砂的粗陶质。匣钵包括 M 形与钵形两种，M 形匣钵的下凹面、钵形匣钵的腹深浅不一。垫圈的种类比较丰富，高矮粗细不一。从装烧工艺上看包括匣钵装烧与裸烧两大类，其中裸烧占很大的比例。匣钵装烧包括单件装烧与多件叠烧，单件装烧器物使用垫圈垫烧，器物与垫圈之间、垫圈与匣

插图七　岑家山窑址传统越窑纹饰

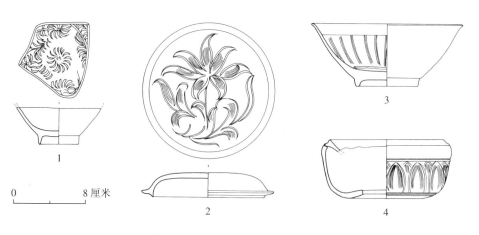

插图八　岑家山窑址新出现纹饰

钵之间均使用泥点间隔；多件叠烧器物多为直接放置匣钵内装烧，器物之间、器物和匣
钵之间使用泥点间隔。明火裸烧多用于韩瓶类较大件器物以及碗、盘类多件叠烧器物，
放于支烧具上直接明火烧造，叠烧器物之间使用泥点间隔。

（二）寺龙口类型

寺龙口类型为寺龙口越窑址的第六期，根据《寺龙口越窑址》发掘报告，其基本特征为器物种类繁多，除传统的透明玻璃釉类产品外，新出现乳浊的天青釉。

传统的透明釉器物与岑家山窑址类似，亦包括两类，第一类包括各种敞口与侈口圈足碗（插图九：1、2）与盘（插图九：3）、夹层碗、斗笠碗、花口盏、盏托、钵（插图九：4）、执壶、灯盏、五管灯（插图九：5）、盒子、水盂（插图九：6）、部分类型的炉及韩瓶（插图九：7）等，这类型器物从本窑址第五期延续而来，是传统越窑的器物造型。第二类包括直口或微敞口的盖碗、折腹盘（插图一〇：1）、玉壶春瓶（插图一〇：2）、梅瓶（插图一〇：3）、折肩瓶（插图一〇：4）、平底碟（插图一〇：5）、足面印兽面的各种三足炉（插图一〇：6、7）、钟（插图一〇：8）、器座（插图一〇：9）、腰鼓、瓿等，以陈设器与祭器为主，造型端庄古朴。

从质量上看可以分成粗、精两类。粗者主要包括第一类产品的碗、盘与韩瓶类器物。胎质粗疏，颗粒粗，气孔多，胎呈土黄、土灰等色。釉呈青黄或青灰色，釉面干枯，许多器物釉层极薄。精者主要包括第二类器物，制作较为精良。胎质较为细腻，胎色较浅而呈灰白色。釉呈青绿、青黄或青灰色，施釉均匀，多数器物釉面干净，玻璃质感强。

装饰主要集中在第二类器物上，技法与题材和岑家山类型相似，可分成两类：第一类是传统越窑装饰纹样，包括各种牡丹纹（插图一一：1~3）、蕉叶纹（插图一一：4）、海涛纹（插图一一：5）、摩羯纹（插图一一：6）、海涛摩羯纹（插图一一：7）；第二类外来的纹饰中以兰草（莲荷）纹最为流行（插图一二：1、2），还有各种缠枝花卉（插图一二：3）、菊花纹（插图一二：4）、篦划莲瓣纹（插图一二：5、6）。

新出现乳浊的天青釉瓷器，数量不多，主要是碗、盘、洗、花盆、罐、瓶（彩图一：7）、瓿、鬲式炉、鸟食罐（彩图一：8）等。胎质、胎色与精细瓷器接近，均为白胎。

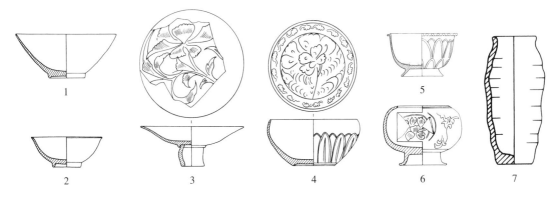

插图九 寺龙口窑址传统越窑器形

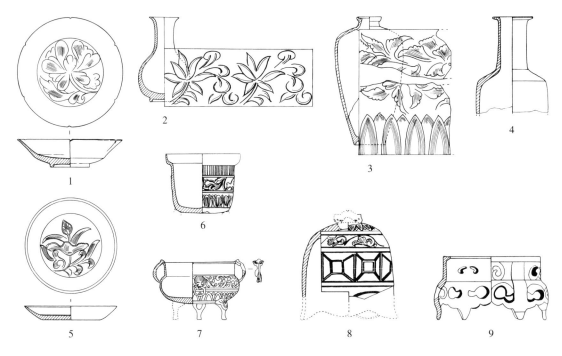

插图一〇　寺龙口窑址非传统越窑器形

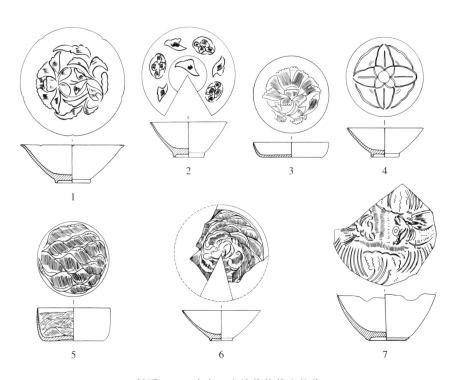

插图一一　寺龙口窑址传统越窑纹饰

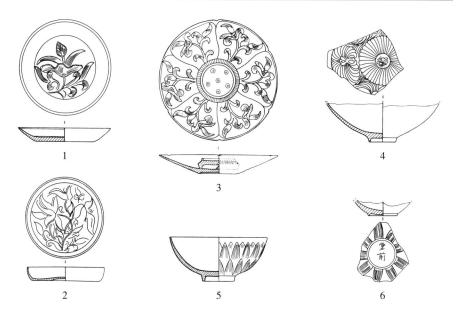

插图一二 寺龙口窑址非传统越窑纹饰

釉呈天青色，釉层略厚，呈失透的乳浊状，施釉均匀，釉面较为莹润。

窑具有匣钵、匣钵盖、垫圈、支烧具与支钉、垫饼，多为夹砂粗陶质。除支钉、垫饼外均为越窑典型的窑具，匣钵有 M 形与钵形两种，垫圈与支烧具因功能需求不一而高矮粗细不同。支钉均为瓷质，一种呈锯齿状，是在垫圈上切割而成，支钉数 3~9 个不等；另一种是圆饼形，将圆锥形钉粘在垫饼上。支钉用于烧造天青釉瓷器，作用与垫圈相同。装烧工艺上，仍旧存在着单件或多件放置于匣钵内的匣钵装烧法和直接明火裸烧法，但在匣钵装烧器物的垫烧方式上因支钉与垫饼的使用而发生了较大的变化。

支钉（彩图一：9）与垫圈类似，主要垫烧于器物的圈足内，但器物与垫具之间的接触面从圈状变成了点状，留下的痕迹更小。

垫饼在越窑中使用历史较长，早期唐代一批高质量的秘色瓷器就使用瓷质垫饼垫烧。此类器物均为满釉，垫于圈足类器物足端而非足内，器物与垫饼间使用泥点间隔。但这种装烧工艺在北宋时期不仅没有普及开来，甚至有所萎缩，而以垫圈垫烧占据绝对主流。进入到寺龙口类型，垫饼有所增加，但与唐代满釉并以泥点间隔不同，这一时期改为圈足端刮釉直接放置于垫饼上垫烧，此种装烧方式主要见于天青釉类器物。

综上所述，寺龙口类型一方面沿袭岑家山类型的发展脉络，其透明釉产品无论是器形还是装饰均可分成传统越窑型与外来类型两种；另一方面，外来因素进一步加强，除传统的透明釉类器物外新出现失透的乳浊釉类产品，釉层更厚而釉面莹润，玉质感更强，在装烧方面也出现了传统越窑所没有的支钉垫烧法与足端刮釉的垫饼垫烧法。

（三）张家地类型

张家地类型的产品与寺龙口类型相似，也包括两大类，即透明玻璃釉青瓷与失透的乳浊釉青瓷，其中透明釉青瓷包括传统的越窑青瓷与受外来文化技术影响的青瓷两种，因此总体上可以归结为两类三种。

张家地类型青瓷与寺龙口类型青瓷的最大变化在于以下几方面：

透明釉产品比例大幅度下降。乳浊釉产品的数量迅速增加，比例上超过第一类产品。

透明釉产品中的传统越窑青瓷进一步萎缩，不仅数量减少，器形亦发生变化，高圈足的碗大幅度减少，碗、盘类器物的圈足普遍较矮，大部分向内略收；受外来文化技术影响的青瓷产品类型丰富，花盆、鬲式炉的数量增加，炉、瓶的种类多样，纹样主要流行莲荷纹（插图一三：1、2）、篦划莲瓣纹（插图一三：3）等。乳浊釉青瓷产品种类更加丰富，尤其是炉、瓶类器物种类多样，有鬲式炉（插图一三：4）、鼎式三足炉、

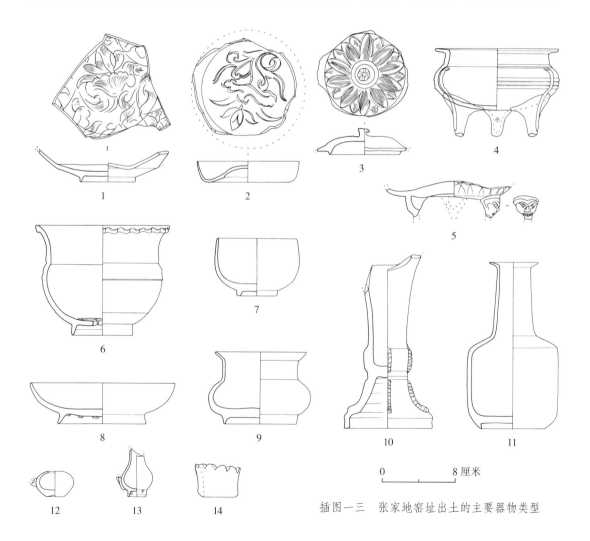

插图一三　张家地窑址出土的主要器物类型

盆式三足炉（插图一三：5），花盆（插图一三：6）、盖碗（插图一三：7）数量比较多，盘（插图一三：8）、尊（插图一三：9）、瓿（插图一三：10）数量不多，新出现折肩瓶（插图一三：11）、贯耳瓶等，鸟食罐（插图一三：12）、小穿带瓶（插图一三：13）类小件雅玩器物仍旧不少。花瓶类器物数量更多。

胎色发生较大的变化，普遍更深而呈灰色，尤其是乳浊釉产品出现了接近黑胎的深灰色胎，胎质较疏松而气孔较多。乳浊釉产品的釉层普遍加厚，尤其是瓶、炉、瓿类较大型的陈设与祭礼用瓷出现了多次施釉的技术，釉层厚、施釉均匀、釉面莹润。从部分小口类器物内腹施单层釉而玻璃质感较强、外腹多次施釉后莹润度与玉质感明显提高的情况来看，釉层的加厚对于提高器物釉面的玉质感具有根本性的作用。

窑具包括匣钵、垫圈、支钉、垫饼、支烧具等。匣钵中M形不见，以筒形与钵形为主。垫具中垫圈比例下降，锯齿状支钉（插图一三：14）与垫饼的数量进一步增加。装烧方面，使用支钉与足端刮釉后使用垫饼垫烧的方式更加普遍，尤其后者，是乳浊厚釉类产品的主要装烧方式。此外，除了传统的匣钵装烧以后，大型的花盆、炉与罐类大口器物内大小套叠的装烧方式更加普遍，支烧具中出现了装烧鸟食罐类小型器物的伞状支烧具。

（四）低岭头类型

低岭头类型产品与张家地类型最为接近，也包括两类三种。

透明玻璃釉类产品质量进一步下降，尤其是传统越窑产品，多数胎质疏松、釉色青黄、釉面干枯，玻璃质感不强，产品种类更加单一，主要限于碗（插图一四：1）、碟（插图一四：2）、盒（插图一四：3）类小件实用器物，纹饰中基本不见传统的越窑纹饰，而代之以非传统纹样（插图一四：4）。乳浊釉类产品厚釉青瓷的数量更多、比例更高、器形更加丰富、制作更精。器形主要有鬲式炉（插图一四：5）、盘口瓶（插图一四：6）、喇叭口长颈瓶（插图一四：7）、小敞口长颈瓶（插图一四：8）、梅瓶（插图一四：9）、尊（插图一四：10）、花盆（插图一四：11）、盖碗（插图一四：12）、水盂（插图一四：13）、鸟食罐（插图一四：14）。乳浊釉类器物质量明显提高，许多器物可以看到明显的多次施釉痕迹，少则两次，多者可达四次，釉层厚度达2毫米，釉色有青黄、青灰、天青、月白等。

胎色变化较大。透明釉产品胎质进一步下降，胎色土黄或土灰，但仍属于白胎的范畴。乳浊釉产品的胎色多进一步加深，出现少量深灰胎或接近于黑胎的产品，胎体变薄而釉层加厚，形成所谓的薄胎厚釉类高质量黑胎青瓷，与南宋官窑的成熟黑胎青瓷有密切的关系。

装烧工艺方面，由于厚釉类青瓷数量的增加与所占比例的提高，与之相应的足端刮釉并以垫饼垫烧的装烧方式增多。

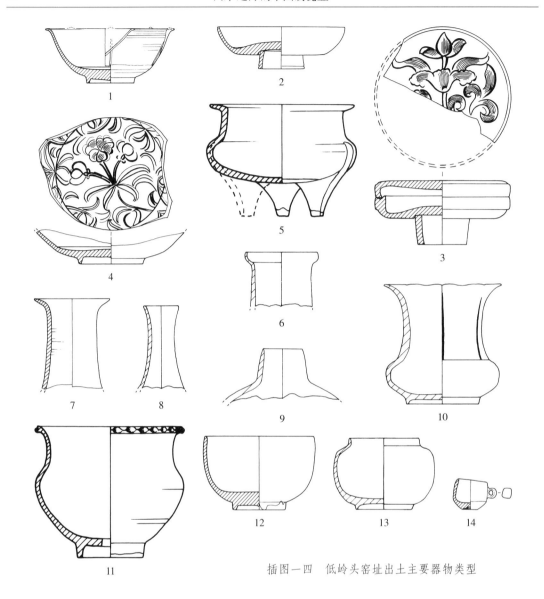

插图一四　低岭头窑址出土主要器物类型

南宋时期越窑的四个类型，从器形、胎釉特征、装饰题材与技法、装烧工艺等诸多方面可以看成四个连续发展的时期，依次为岑家山类型、寺龙口类型、张家地类型与低岭头类型，如果加上开刀山 Y27 北宋末期这一类型，则可以看到北宋末期以来越窑一个完整的发展过程。

北宋末期开刀山彭 Y27 纯烧造传统的透明玻璃釉青瓷，器形、装饰与装烧工艺更多从传统的越窑延续而来，虽然也有少量的变化，如圈足碗的圈足增高、刻划的纹饰更加粗率，但此类变化是自北宋晚期以来的微调，并没有触及根本。

岑家山类型仍旧烧造传统的透明玻璃釉产品，但器形、装饰等发生了较大的变化，新出现传统越窑不见的器形与纹饰内容，并逐渐形成精、粗两种制品。传统的越窑青瓷胎釉质量、制作工艺、刻划纹饰技法进一步趋于粗疏、草率，而新出现的制品虽然仍旧为透明釉，但器形中陈设与祭祀用瓷占据相当的比例，胎釉制作较为精细，釉色青绿，玻璃质感强，纹饰构图严谨、线条流畅、技法娴熟。

寺龙口类型除了透明玻璃釉的两种产品外，新出现失透的乳浊釉青瓷这一大类新品种，由此形成了南宋越窑两类三种的完整产品类型。乳浊釉青瓷虽然数量不多，但施釉均匀，釉层较薄，釉面匀净而较为莹润。装烧上新出现支钉垫烧法，为之前的越窑所不见。

张家地类型中乳浊釉产品迅速增加，超过透明玻璃釉产品成为主流，釉层进一步加厚而出现乳浊厚釉青瓷，但胎色仍旧较浅，以白胎为主。唐至北宋时期越窑最为常见的 M 形匣钵消失不见，而支钉垫烧法与足端刮釉后垫饼垫烧法进一步增加。

低岭头类型中乳浊厚釉青瓷所占比例进一步加大，其釉层更厚、胎色更深，出现近似于黑胎的薄胎厚釉类高质量青瓷产品，此类厚釉青瓷均使用足端刮釉的垫饼垫烧法。

二、宋代黑胎青瓷起源及其发展问题

除南宋越窑以外，与宋代黑胎青瓷相关的瓷窑址考古成果主要集中在两个地方：龙泉与杭州。

（一）龙泉黑胎青瓷窑址的发现

龙泉黑胎青瓷在窑址中的最早发现，可以追溯到民国时期徐渊若《哥窑与弟窑》中的记载："溪口墩头方面之哥窑，过去无人注意。至民（国）二十八年十月间，有江西客商章九堤、王少泉等前来采办，始认真开掘。遂知有铁骨、铁沙底、铜边、铁足等区别。据邑人吴文苑氏谈：溪口之旧窑址，上层均系普通之龙泉窑，三十年秋，更发掘而下，始发现现时之薄胎铁骨云。"[1]

此外，陈万里先生曾七下龙泉，他在《中国青瓷史略》中也提到黑胎青瓷的发现："碎片以及整件遗物的发现，是在抗战期间（公元 1939 年前后），地点在龙泉大窑的坳底以及溪口乡的墩头两处。碎片约在两丈左右的深土里，黑胎骨，大抵很薄，墩头的更胜于坳底，因此以往认为有断纹的东西是笨重的，实际上并不如此。"这些龙泉黑胎青瓷"已往文献未经记载，这是最近十余年来的新发现"。[2]

1959 年，朱伯谦、牟永抗、任世龙等浙江瓷窑址考古的前辈们在大窑发掘时对这

---

[1] 徐渊若：《哥窑与弟窑》，龙吟出版社，1945 年。

[2] 陈万里：《中国青瓷史略》，上海人民出版社，1956 年。文中所提到的"坳底"即现在的岙底，位于大窑村北；"墩头"村现改名为下墩村，位于溪口东北。文中所指"墩头"所出黑胎青瓷即瓦窑垟出土。

些黑胎青瓷又有了新的认识，提出了龙泉黑胎青瓷的概念。"Y2 发现的釉色碧绿、开片细密、胎骨灰黑、圈足着地部分呈铁色的黑胎厚釉青瓷，在 12、36 和 50 号窑址中也有发现，在溪口瓦窑垟等窑址中也有出土。它与白胎厚釉青瓷夹杂在同一个堆积层里，其中大窑的窑址中以生产白胎厚釉青瓷为主，黑胎厚釉青瓷的比例很小，溪口瓦窑垟则以生产黑胎厚釉青瓷为主，兼烧白胎厚釉青瓷。说明当时这些窑是二种青瓷一起生产、一起烧成的。"[1]

2010 年冬至 2011 年夏，浙江省文物考古研究所对瓦窑垟窑址进行了大规模的科学考古发掘，堆积扰乱，原生堆积层早已无存，但窑炉遗迹保存良好。在早期窑炉一处窑门下发现两件可复原的黑胎青瓷器，一件是器盖，一件是敞口翻沿盘。

在发掘的同时对瓦窑垟周边窑址进行了调查试掘，确定溪口一带生产黑胎青瓷的窑址实际上仅有 3 处，即瓦窑垟窑址、瓦窑洞窑址和瓦窑垟窑址对面的大磨涧边窑址。

通过发掘，在瓦窑垟窑址发现两处龙窑遗迹。

北部的龙窑窑炉斜长 40.8 米，高差 9.9 米，窑室宽度为 1.9~2.1 米，窑壁残存最高 0.54 米，坡度 18 度 ~21 度，方向 126 度。出土的青瓷残片中多数为灰白胎，黑胎仅极少数。灰白胎青瓷可见器物类型有碗、盘、盏、碟、洗、盒、瓶、炉、执壶、器盖、鸟食罐、管形器、尊、觚、碾钵等，碗有莲瓣纹碗、S 形云纹碗、"河滨遗范"铭碗，盘有八角折腹盘、葵口折腹盘、敞口小盘、凹折沿盘，盏有敞口盏、莲瓣纹盏、菊瓣盏，瓶有琮式瓶、白菜式瓶、贯耳瓶、双耳瓶、五管瓶等，炉有鬲式炉、樽式炉，器盖有盒盖、壶盖、罐盖等。除碗和琮式瓶胎体较厚外，其他器形均胎体较薄、造型小巧，圈足器圈足足壁较薄、足端刮釉。釉色多样，有浅绿色、粉青色、米黄色等。黑胎青瓷可见器形有盘、盏、炉、尊、觚和白菜式瓶等。出土的窑具有匣钵和支垫具，匣钵有平底筒形匣钵和 M 形凹底匣钵；垫具以垫饼占绝大多数，有圆饼形、椭圆形、圆形带支钉、圈形、钵形等。有些匣钵残片上刻有字符，包括"天""青""千""三""万"等。通过对器物的比较分析，该窑炉的烧造年代约在南宋中期前后，即 12 世纪末至 13 世纪初。

另外一处窑炉遗迹存在叠压打破关系。时代最晚的龙窑窑炉斜长 33.6 米，窑室宽度 1.8~1.95 米，窑壁残存最高 0.66 米，坡度 19 度 ~22 度，方向 118 度。时代较早的两条窑炉被打破，残存后段。最早的窑炉叠压于晚期窑炉之下，因窑炉遗迹保护需要而未进行整体发掘，但在解剖时发现一处窑门遗迹并出土两件黑胎青瓷。通过出土遗物判断，早期窑炉烧造年代为南宋中期前后，晚期窑炉烧造年代为元代。所出土南宋时期青瓷类型与北部窑炉的相差无几，多为灰白胎，黑胎残片较多，但也仅是少数，有较多瓷片胎

---

[1] 朱伯谦：《龙泉大窑古瓷窑遗址发掘报告》，浙江省轻工业厅编《龙泉青瓷研究》，文物出版社，1989 年。

呈灰色，甚至是深灰色、灰黑色。可见器物类型中，灰白胎类青瓷以及窑具与北部窑炉的基本相同（彩图二：1），灰黑胎类青瓷类型更加丰富（彩图二：2、3），有碗（彩图二：4）、圆口盏、菊瓣盏、八角盘（彩图二：5）、菱口盘、把杯、白菜式瓶（彩图二：6）、鬲式炉（彩图二：7）、樽式炉、尊、觚（彩图二：8）、簋等。窑炉中以瓷质垫饼为主，极少量支钉，垫饼与钉使用两种不同的原料（彩图二：9）。所出土元代青瓷中，有些器形和南宋时期的产品接近，但细节略有差异，如菊瓣盏、圆口盏等，一般来说，元代的产品器胎较厚，圈足器的圈足足壁也较厚；较多器形南宋时期没有，如内底贴梅花的盏、高足杯、葫芦瓶、"吉"字瓶、小口罐等。也就是说，瓦窑垟南部窑址下层为南宋中晚期的薄胎制品，并且兼有黑胎青瓷和白胎青瓷；上层为元代厚胎制品。

　　除瓦窑垟窑址外，21世纪以来另外一个重要发现是小梅瓦窑路窑址的发现与发掘。该窑址位于小梅镇上的小梅小学，与大窑、金村两大窑址群均有一定的距离，孤悬于龙泉窑核心烧造区外。清理龙窑炉一条，残长10.6、宽1.58~1.72米，方向252度，窑床坡度12度。残留火膛和一段窑床，以及火膛前操作间。窑壁未发现大规模修理的迹象。在窑炉底部发现少量不开片的粉青厚釉黑胎青瓷（彩图三：1），可辨器类仅有8种，即莲瓣纹碗、盏（含八角盏、菱口盏）、盘（含八角折沿盘、敞口莲瓣纹盘）、洗、罐盖、鸟食罐、瓶和炉。

　　在残存窑炉的后方清理坑状遗迹一个，出土可复原的黑胎青釉瓷器、生烧瓷器200余件，以及较多的匣钵、支垫具、窑塞、火照等窑具。这些瓷器的胎壁很薄，釉层不厚，釉玻璃质感强。釉层都开有细碎片纹，纹地多呈灰黄色或灰白色条纹状，和常见的开片青瓷风格完全不同。器形十分丰富，计14类20多种，有"河滨遗范"葵口碗、八角盏（彩图三：2）、菱口盏（彩图三：3）、盖杯、把杯、八角盘（彩图三：4）、花口盘（彩图三：5）、葵口碟、折沿洗、盖罐、鸟食罐、胆瓶、纸槌瓶、盘口瓶（彩图三：6）、鬲式炉（彩图三：7）、鼓式炉（彩图三：8）、带盖粉盒、觚（彩图三：9）、尊（彩图三：10）等。均为黑胎，未发现白胎青瓷器。

　　胎釉方面，小梅瓦窑路窑址窑炉中出土的不开片粉青厚釉青瓷在出土大量开片黑胎青瓷的坑状遗迹中一片未见；器形方面，窑炉中出土的莲瓣纹碗和敞口莲瓣纹盘未见于坑状遗迹中，其他器物则与坑状遗迹出土的同类器物器形相同。由此说明两类黑胎青瓷的相对年代应该有早晚区别，即先有开片黑胎青瓷而后才有粉青釉不开片黑胎青瓷。但时代差别应该不是很大，总体年代当在南宋早中期前后。

　　自2011年开始，浙江省文物考古研究所对大窑地区进行了系统的调查与勘探，共确定烧造黑胎青瓷的窑址20余处，这是整个龙泉窑中生产黑胎青瓷的窑址数量最多、分布最广的区域。大窑地区不仅是龙泉窑白胎青瓷的烧造中心，也是龙泉窑黑胎青瓷（彩图三：11）的烧造中心，从产品面貌上看，除薄胎厚釉类青瓷外，亦有厚胎厚釉、薄胎薄釉、厚胎薄釉等类型的青瓷。

此外，在龙泉东区与石隆亦发现了烧造黑胎青瓷的窑址。

综上，龙泉地区黑胎青瓷的面貌轮廓基本清晰。首先，基本明确了龙泉黑胎青瓷的分布区域几乎覆盖龙泉全境，其生产规模较大，有近 30 处窑址，而生产的中心当在大窑地区。其次，龙泉黑胎青瓷的产品面貌相当复杂，除厚釉类精细器物外，亦有薄胎薄釉、厚胎薄釉、厚胎厚釉等类型，胎色从灰到灰黑千差万别，釉色亦复杂多样。再次，龙泉黑胎青瓷的生产时代不限于传统所认识的南宋晚期，往上可推至南宋早中期，往后可延至元代，黑胎青瓷在龙泉地区完全可能有自身发生、发展、成熟与衰落的轨迹。

（二）杭州黑胎青瓷窑址情况

杭州黑胎青瓷窑址目前确认并经过发掘的有两处：乌龟山窑址与老虎洞窑址。

1. 乌龟山窑址

乌龟山窑址位于杭州市上城区玉皇山南面的乌龟山西麓，宋时因其位于郊祭坛附近而得名。发掘清理了包括窑炉与作坊在内的丰富遗迹，出土了大量的青瓷与窑具标本。

青瓷产品的种类相当丰富，共有 23 类 70 多种型式，有碗、盘、盏、碟、杯、壶等饮食器，罐、钵、坛等盛贮器，唾盂、熏炉、灯盏、盆、盒、水盂、洗等日用器，也有大量仿古代铜器与玉器形制的瓶、炉、花盆、觚、簋等陈设器和祭器，以及鸟食罐、象棋、弹丸等小件器物。这些产品按胎釉特征的差异可以划分成厚胎薄釉与薄胎厚釉两个主要类型，其中厚胎薄釉瓷器一般圈足高大而外撇，多用支钉垫烧（彩图四：1），不见多次上釉的厚釉垫烧标本；造型与汝窑相似，而与浙江传统青瓷有很大差别，器形主要有盘、洗、三足盘、樽式炉、觚、瓶、器盖等。薄胎厚釉类青瓷圈足矮小、足壁垂直、底足纤细，胎骨细薄，厚釉，垫烧（彩图四：2）。这两类制品从早到晚有一个发展演变过程，即器形由大到小、由厚重到轻巧，圈足由高而外撇到圈足矮小垂直，胎由厚转薄，釉由薄变厚，装烧由以支钉（彩图四：3）为主变为以垫饼为主。

发掘者认为乌龟山窑址就是文献记载的南宋郊坛下官窑，其建窑时间应在南宋初年。[1]

2. 老虎洞窑址

老虎洞窑址位于杭州市上城区凤凰山与九华山之间的狭长溪沟中，南距南宋皇城墙不足百米，距南宋郊坛下官窑约 2.5 千米。1996 年该窑址因盗挖而被发现，同年至 2001 年进行了多次调查与发掘，发现主要属于两个时期的地层堆积：南宋层与元

[1] 中国社会科学院考古研究所、浙江省文物考古研究所、杭州市园林文物局：《南宋官窑》，中国大百科全书出版社，1996 年。

代层。

南宋层发现了大量的瓷片及窑具，瓷片不仅量多而且器形丰富，烧制质量好。器物主要出土于几个填埋坑中（彩图四：4），其中属于南宋早期的 H3 即出土瓷片一万余件，仅完整或可复原器就有 400 多件，20 余种器形。出土量较大的器形有碗、盘、杯、罐、碟、壶、洗等日常生活用器，另有琮式瓶、各式炉（彩图四：5、6）、觚（彩图四：7）、瓶（彩图四：8）、熏炉、器座、筷子架、花盆、灯盏等。所发现带圈足的器物圈足均外撇，少量器物圈足底部有"戊"字。南宋晚期层出土的器物以厚胎厚釉（彩图四：9）为主，礼器减少，以日用器为主，胎色更深。瓷器胎釉特征以厚胎薄釉、厚胎厚釉为主，薄胎厚釉少见。胎的颜色有香灰色、深灰色、紫色、黑色等。釉色以粉青、米黄色为正烧品主流，此外见有翠绿、灰青和浅紫色等。大部分瓷片釉面有裂纹，部分瓷片釉面有冰裂纹，部分器物紫口铁足现象明显。制作工艺以轮制为主，个别为手制或模制。窑具有支烧具、垫烧具和大量的匣钵碎片（彩图四：10），个别支烧具上有"戊记"两字。

元代层亦出土了大量的瓷片和窑具。瓷片大多为厚胎薄釉和厚胎厚釉。以灰胎为主，黑胎次之，有少量的灰红胎。釉色分两大类：一类口沿部分施青色釉、口沿以下施青灰釉，灰中泛黄或通体施灰色釉，玻璃质感较强；另一类施粉青色釉，玉质感强，此类瓷片挖坑埋放。器形有碗、瓶、盘、盆、洗、鸟食罐、象棋子等，其中一碗底釉下有用褐彩所写"官窑"二字。整体上看，元代瓷片质量较差，制作不及南宋时期精细。窑具有匣钵、支钉和垫饼等，支钉上发现有模印文字和动物图案等，文字有八思巴文以及"大吉""元"等字样，动物图案有模印虎、鹿的造像。

发掘者认为老虎洞南宋层窑址是叶寘《坦斋笔衡》所记的"内窑"，即通常所认为的修内司窑；元代层窑址则是困扰陶瓷界、考古界多年的"哥窑"或叫"哥哥洞窑""哥哥窑"。也就是说，哥窑是南宋灭亡以后郊坛下官窑窑工仿烧的南宋内窑（修内司窑），烧造年代为元代。[1]

（三）三地黑胎青瓷烧造情况的比较

杭州两处窑址，发掘者均认为烧造时代可以早到南宋早期，且早期阶段均生产厚胎薄釉产品。

乌龟山窑址厚胎薄釉类青瓷胎色较浅，多呈灰白色或青灰色，胎质较松，气孔较多；釉层较薄，应该都是一次施釉，均为失透的乳浊釉，釉色青黄或青灰；造型以高圈足外

---

[1] 杜正贤、马东风：《杭州凤凰山老虎洞窑址考古取得重大成果》，《南方文物》2000 年第 4 期；杭州市文物考古所：《杭州老虎洞南宋官窑址》，《文物》2002 年第 10 期。

撇为主要特征；装烧上以使用锯齿状的支钉烧造为主。此类器物与上林湖南宋越窑的张家地类型、低岭头类型有诸多相似之处，结合南宋越窑四个类型的发展逻辑，乌龟山窑址此类薄釉产品应该上接低岭头类型，产品面貌由以失透的乳浊釉为主变成基本为乳浊釉，此外有少量透明釉的第二种产品。张家地与低岭头两个类型的窑址同时出土厚釉类青瓷，低岭头类型还出现了近黑胎厚釉青瓷。由于乌龟山窑址破坏严重，只从类型学上对其产品进行了区分，没有地层学上器物群的证据，因此不能确定与之共生的是否有一定比例的黑胎厚釉青瓷，但从逻辑上讲应该有部分该类产品共生。

老虎洞窑址的详细材料没有公布，仅从目前的材料来看，其所谓的厚胎薄釉青瓷只是相对于本窑址薄胎厚釉青瓷的釉略薄而已，本质上仍是厚釉青瓷，与乌龟山窑址的厚胎薄釉青瓷有本质的区别。也就是说，目前我们并没有看到老虎洞窑址真正意义上的厚胎薄釉青瓷产品。

综上所述，从发展逻辑上看，乌龟山窑址上承南宋越窑的发展，是对低岭头类型的延续。然而情况并非如此简单。

2012 年，我们在大窑地区调查时，在岙窑发现了一批绍兴十三年（1143 年）前后的器物，虽然没有发现黑胎青瓷，但有相当部分的失透乳浊釉产品。也就是说，龙泉地区烧造乳浊釉的时间可以上推至南宋初期，基本与越窑同一时期，这大大改变了龙泉窑乳浊釉青瓷出现于南宋中晚期的认识。此外，从小梅瓦窑路以及大窑烧造黑胎青瓷的诸窑址情况来看，其黑胎青瓷的出现亦早于南宋中晚期。虽然目前没有地层上的证据来确定其上限，但至少可以否定"龙泉黑胎青瓷仿官"认识的前提条件，即"龙泉黑胎青瓷出现于南宋中晚期，仅有薄胎厚釉产品"。而从龙泉黑胎青瓷的复杂面貌来看，它在龙泉地区完全可能有自身发生、发展、成熟与衰落的轨迹。

因此，目前不排除南宋官窑技术来自于龙泉的可能性。

汝窑新发现及对浙江青瓷的影响

孙新民
（河南省文物考古研究院）

汝窑是所谓宋代"五大名窑"之首，声名远播海内外，在中国陶瓷史上占有重要的学术地位。汝窑在北宋晚期为皇宫烧造贡瓷，天青釉色纯正，满釉裹足支烧，造型典雅，釉质莹润，其清素淡雅的艺术风格历来为世人所称道。宋室南迁，汝窑停烧，汝窑遗址从此淹没于地下，成为中国陶瓷史上的一大悬案。汝窑因位于北宋时期的汝州而得名。1987 年，在我国文博和陶瓷工作者的努力下，终于在宝丰县清凉寺村找到了烧制汝窑瓷器的窑址。1987 年 10 月出版的《汝窑的发现》一书，认为宝丰县清凉寺窑址为汝官窑口。[1] 自 1987 年至 2016 年，河南省文物考古研究院（2013 年更名）对汝窑遗址进行了 14 次考古发掘，于 2000 年发现了汝窑中心烧造区，近年又出土了一批仿青铜素烧器和所谓"类汝瓷"瓷器，揭露出窑炉、作坊等制瓷遗迹多处，为全面认识汝窑提供了重要的实物资料。

一、汝窑的考古历程

自 1987 年河南省文物考古研究所第一次发掘汝窑，至今已经过去了 30 余年。回顾汝窑的考古发现与发掘，大致经历了三个大的阶段。

第一个阶段是 1987~1998 年在清凉寺村南部的发掘。1987 年 10~12 月，河南省文物考古研究所赵青云任领队，首次对宝丰清凉寺瓷窑址进行了考古钻探与试掘，在清凉寺村南 200 平方米的试掘范围内出土了一批瓷器和窑具，其中典型御用汝瓷 10 余件，遂将宝丰清凉寺瓷窑址确定为汝窑遗址。[2] 1988 年秋和 1989 年春，河南省文物考古研究所安金槐任领队，孙新民任执行领队，连续对清凉寺窑址进行了第二、第三次发掘。发掘面积 1150 平方米，发现制瓷作坊和房基 5 座、水井 4 眼、澄泥池 1 处，出土各类完整或可复原的瓷器和窑具 2100 余件，但出土遗物均为民用瓷器。[3] 时隔 9 年后，

---

［1］汪庆正、范冬青、周丽丽：《汝窑的发现》，上海人民美术出版社，1987 年。

［2］河南省文物研究所：《宝丰清凉寺汝窑址的调查与试掘》，《文物》1989 年第 11 期。

［3］河南省文物研究所：《宝丰清凉寺汝窑址第二、三次发掘简报》，《华夏考古》1992 年第 3 期。

1998 年春，河南省文物考古研究所由孙新民任领队再次对清凉寺窑址开展考古发掘工作。发掘面积 500 平方米，揭露民用青瓷窑炉 4 座，清理出作坊 3 处和灰坑等遗迹，发现少量御用汝瓷碗、器盖等。同年 12 月，接清凉寺村民报告，在清凉寺村一农家院内采集到汝窑瓷片 100 余片，为寻找汝窑烧造区提供了重要线索。本阶段出版考古成果《汝窑的新发现》（1991 年）[1]。

第二个阶段是 1999~2002 年在清凉寺村内的发掘。1999 年春在清凉寺村内进行勘探，并选择两个地点进行了试掘，在宋代地层内几乎全是御用汝瓷，并出土了不同于以往的匣钵、火照等窑具，确认了汝窑烧造区的面积约 4800 平方米。2000 年 6~10 月的第六次发掘揭露面积 500 平方米，清理出烧制御用汝瓷的窑炉 15 座，以及作坊、澄泥池、釉料坑等多处重要遗迹，并出土了大量的汝窑瓷器，尤其是有些器类为传世品所未见，找到了汝窑的中心烧造区。[2] 此后，2001 年和 2002 年又在汝窑烧造区连续进行了两次发掘，揭露面积 300 平方米，清理出椭圆形窑炉 5 座、灰坑 24 个等遗迹。本阶段出版考古成果《宝丰清凉寺汝窑》（2008 年）[3]、《汝窑与张公巷窑出土瓷器》（2009 年）[4]。

第三个阶段是 2011~2016 年为配合汝窑遗址展示馆建设工程先后在汝窑中心烧造区进行了 6 次考古发掘。发掘面积共计 3400 余平方米，清理出宋至明代窑炉 12 座，作坊及建筑基址 8 处，出土大量素烧器和一批天青釉瓷器，可复原各类陶瓷器近千件，大大丰富了汝窑遗址的文化内涵。[5] 本阶段出版考古成果《梦韵天青——宝丰清凉寺汝窑最新出土瓷器集粹》（2017 年）[6]。

二、对汝窑新发现的初步认识

2011~2016 年汝窑考古的新发现，归纳起来大致有如下三个方面。

一是新发现制瓷窑炉多座，尤其是明代窑炉的发现，确认了宝丰清凉寺窑址的烧造历史延续至明代。

在汝窑中心烧造区北部新发现北宋制瓷窑炉 7 座，平面皆呈椭圆形，与烧制汝窑瓷器的窑炉形制相同。其中单体 5 座、连体一组 2 座，与汝窑中心烧造区多为连体窑炉不

[1] 河南省文物研究所等：《汝窑的新发现》，紫禁城出版社，1991 年。
[2] 河南省文物考古研究所：《宝丰清凉寺汝窑址 2000 年发掘简报》，《文物》2001 年第 11 期。
[3] 河南省文物考古研究所：《宝丰清凉寺汝窑》，大象出版社，2008 年。
[4] 河南省文物考古研究所：《汝窑与张公巷窑出土瓷器》，科学出版社，2009 年。
[5] 赵宏等：《河南宝丰清凉寺汝窑发掘再获重要发现》，《中国文物报》2014 年 11 月 25 日第 8 版。
[6] 河南省文物考古研究院等：《梦韵天青——宝丰清凉寺汝窑最新出土瓷器集粹》，大象出版社，2017 年。

同。单体窑炉由窑前工作面、火门、火膛、窑室、隔火墙、烟室等六部分组成，南北长 2.9 米，东西残宽 1.28 米，窑床有两次修补痕迹，面积不足 1 平方米。工作面前有涂耐火泥的匣钵、垫饼等窑具。

2014 年在汝窑中心烧造区东南部发现明代窑炉遗迹 3 座。其中一座保存较好，平面呈马蹄形，由窑门、火膛、窑室、出烟道、烟囱、出渣井、燃料房等部分组成，东西长 4.3 米，南北宽 3.6 米。出土遗物较多，主要是黑釉、黄褐釉涩圈底瓷碗和匣钵、支顶钵等窑具。在窑炉周围还清理出作坊、泥池、料缸等配套遗迹。[1]

河南省文物考古研究所曾于 1987~1989 年和 1998 年对清凉寺窑址第一至三烧造区进行了 4 次发掘，出土有白瓷、青瓷、黑瓷、钧瓷、白地黑花和三彩器等，时代从北宋早期一直到金、元时期。地层堆积和出土遗物表明，北宋早期是该窑址的初创时期，以烧制白瓷为主，兼烧少量青瓷和黑瓷。这一时期的青瓷和黑瓷釉色尚不纯正，尤其是青瓷釉色青中泛白，器物形制较小，以素面为主，器表有装饰的不多，有刻花和划花，以菊纹最为常见。北宋中期，除了较多粗白瓷外，青釉瓷明显增多，器形有碗、盘、盏、盒、瓶、执壶等。青釉瓷胎薄质细，胎骨以深灰色为主，灰白色的极少。印花开始出现，纹饰清晰，线条细而流畅，有较高的艺术水平。北宋晚期以烧制青瓷为主，其次为白瓷、黑瓷和三彩器等，产品种类繁多。器物装饰以模印为主，线条圆润，构图严谨，图案规范。有的碗、盘类器模印和刻花装饰并用，即器内印花、器表刻花。从整体上看，北宋晚期的青瓷能模制的器物一般都采用印花装饰，其他器物如瓶、盒、执壶、器盖等以刻划花为主。常见的装饰图案有菊花、牡丹、莲花、龙纹、波浪纹和海水游鱼等。

金代基本沿用北宋时期的烧制品种，以豆青、豆绿釉瓷器为主，白瓷、黑瓷和低温三彩器占有较大比重。青瓷釉色变深，青褐中泛黄色，印花器物构图疏朗，花纹稍显模糊，质量上明显逊于北宋晚期。元代产品以青釉和白釉为主，还有一定数量的钧釉瓷器。青釉呈青褐色，釉色灰暗，釉面缺乏光泽。青釉器与钧釉器一样，多见碗、盘类器物，器形厚重，制作粗放。此次新发现的明代窑炉及制瓷遗迹主要生产黑釉和黄褐釉瓷器，器形以涩圈底瓷碗为主，胎粗釉厚，制作粗糙，青釉瓷器已然绝迹。清凉寺瓷窑元代开始走向衰落，明代之后退出历史舞台。

二是新出土一批仿青铜素烧器和所谓"类汝瓷"，扩大了对汝窑烧造区继汝窑之后再度烧制宫廷用瓷的认识。

在 1999~2002 年汝窑中心烧造区的发掘中，出土遗物以成品器为主，也有少量素烧器，主要为莲瓣腹花口盘、葵口盆和板沿洗等，表明汝窑瓷器的生产采用了两次烧成工

---

[1] 河南省文物考古研究院、宝丰县文物管理局：《宝丰清凉寺汝窑遗址 2014 年发掘简报》，《华夏考古》2019 年第 1 期。

艺。2012 年在汝窑中心烧造区西部边缘处，清理汝窑遗址保护展示馆西部墙基时发现一个集中堆放素烧器的灰坑，出土素烧器 10 万余片，除一部分是以往汝瓷常见的器形外，还有大量不曾见过的新器形，器形以碗、盘类为主，出戟瓶、瓜棱瓶、板沿洗、长方形盘、荷叶形器盖等都是首次发现。2015 年又在保护展示馆东门厅地基中发掘出土一批素烧器，器形与 2012 年发掘出土的素烧器基本相同，多为模具制作，有的器形仿自青铜器，构图严谨，规整大气，但也有个别器形稍异，如花口水仙盆、刻花出戟瓶等。尤其是仿青铜器出戟瓶的纹饰采用刻划工艺，而非模印工艺，此刻花出戟瓶或为印花出戟瓶母范的原型。即先制作刻花出戟瓶，用刻花出戟瓶制成母范，再使用母范模印出印花出戟瓶。因为出戟瓶布局对称，在制作时只需模印出一半的器形，将两部分拼合后再粘接耳部的两个羊首。

　　2014 年在汝窑中心烧造区东南部出土一批新的青釉瓷器，不仅堆积集中，而且数量较大。由于这批青瓷类似汝窑瓷器，又与汝窑瓷器有别，发掘者暂称之为"类汝瓷"。釉色以青绿色为主，釉面光亮、玻璃感较强，玉质感不及汝瓷。胎质细腻坚实，胎色多为灰白，少有香灰色胎。器类有盘、碗、瓶、熏炉等，尤以盘类居多，有的盘口径达 28 厘米，为汝窑瓷器所不见。在烧造工艺方面为满釉支烧，以直圈足居多。[1]总的来看，这批所谓"类汝瓷"烧制温度偏高，与汝州张公巷窑同类器有相似之处，烧制年代显然是在汝窑停烧以后。值得注意的是，在 2012 年清理的素烧器灰坑中曾出土部分素烧盘，与 2014 年这批青釉盘形制完全相同，可知二者的年代大体一致。素烧长方盘曾出土有成品器残片，以往也见有私人藏家收藏比较完整的施釉成品器，2009 年我们出版《汝窑与张公巷窑出土瓷器》时，曾据其釉色青绿、满釉支烧而支钉偏圆的特征，将其定为汝州张公巷窑，现在看来应属于所谓的"类汝瓷"。这批素烧器应为烧制过程中的半成品，因遭受重大变故而突然废弃停烧。

　　从目前揭示的考古材料来看，两批素烧器分别见于汝窑中心烧造区的东、西边缘处，所谓"类汝瓷"也仅分布于汝窑中心烧造区的东南部，产品器形单一，分布范围不大且烧制时间短暂，一些器形与汝窑瓷器差异较大，烧制年代应在汝窑停烧一段时间之后。这种在汝窑中心烧造区再度兴起的烧造精美青釉瓷器的窑口，其产品仍施乳浊状天青釉，采用满釉支烧和两次烧成工艺，器形多仿青铜器，使用模具制作，显然属于宫廷用器。发掘者曾根据地层关系推断所谓"类汝瓷"的年代为汝窑停烧后的北宋末至金代。考虑到这些素烧器和所谓"类汝瓷"是在汝窑停烧了一段时间之后烧造，且素烧器中的长方形盘和花口水仙盆曾见于河南省禹州宣和古陶瓷博物馆收藏的钧釉瓷器，因此其烧制年

---

[1] 河南省文物考古研究院、宝丰县文物管理局：《宝丰清凉寺汝窑遗址 2014 年发掘简报》，《华夏考古》2019 年第 1 期。

代应晚至金代。

三是出土了一批精美陶瓷器和大型建筑构件，深化了对宋代清凉寺的研究成果。

在汝窑保护展示馆东门厅，即靠近现清凉寺院落处清理出一个北宋晚期灰坑，出土一大批精美陶瓷器。其中瓷器主要有白釉、青釉、黑釉等，陶器主要有三彩器、绣墩和脊兽、角兽以及瓦当类建筑材料等。部分瓷器装饰图案繁缛，前所未见，如白釉珍珠地划花梅瓶上刻划一方莲池，有鹭鸶、蟾蜍、鱼等动物嬉戏，画面生动传神，寓意发人深思；青釉刻划花梅瓶器身满布缠枝牡丹，叶筋清晰，画工精湛。另有青釉刻花执壶、青釉印花龙纹盘、青釉花口出筋钵、白釉五管瓶、白釉执壶和黑釉斗笠盏等器形。无论是青瓷或是白瓷，其釉色、胎质皆优于清凉寺民窑区瓷器。其中3件三彩枕底部有与寺庙有关的墨书，分别为"奉福院僧惠德""僧惠德""僧惠玉"，说明这些枕为寺庙僧人所用之物。同出的建筑构件脊兽和角兽器形较大，制作精良，也应是大型寺庙的屋脊装饰物。

清凉寺汝窑址因位于宝丰县大营镇清凉寺村而得名，清凉寺村中心有一座清凉寺。20世纪80年代后清凉寺已荒废冷清，不复原貌，只余殿房三间和部分东西厢房。近年在汝窑遗址展示棚东门外不远处曾发现一道南北向的砖砌墙基，怀疑为原清凉寺西墙之所在，如是，则汝窑中心烧造区为紧邻清凉寺而建。清凉寺建于何时？1996年出版的新编《宝丰县志》"文物古迹"章"清凉寺"条中介绍："亦名青龙寺，位于县城西20千米的清凉寺村内。宋建隆四年（963年）创建。曾于明万历九年（1581年）、清嘉庆八年（1803年）重修。清末遭兵灾，仅存殿宇4间。"[1]清凉寺于明万历九年重修的记载见于清道光十七年（1837年）《宝丰县志》卷五："清凉寺在寿峰寺迤东，万历九年重修，邑生王之仁撰碑文。"[2]宋建隆四年创建之说则尚未找到相关文献依据。此次发掘出土的分别墨书"奉福院僧惠德""僧惠德""僧惠玉"的宋三彩枕，很可能是当时清凉寺僧人的所用之物。而大型建筑构件的脊兽和角兽，也极可能是北宋时期清凉寺主要殿堂顶部的建筑脊饰。

三、汝窑对浙江青瓷的影响

汝窑创烧于北宋晚期，为宫廷烧制御用瓷器。汝窑瓷器以纯正的天青釉色取胜，淡雅含蓄，继五代秘色瓷之后成为中国青瓷发展的又一个高峰。汝窑开创的天青色、乳浊釉、釉面开片、满釉支烧和两次烧成等制瓷工艺，对于其后的浙江南宋越窑、南宋官窑

---

[1]宝丰县志编纂委员会：《宝丰县志》第二十一编第八章，方志出版社，1996年。
[2]（清）李仿梧修、耿兴宗纂：《宝丰县志》卷五，清道光十七年刊本。

和南宋龙泉窑都有一定程度的影响。

（一）汝窑与南宋越窑

浙江是越窑的故乡，中国青瓷的重要发源地，东汉晚期开始就在上虞一带烧制出了成熟的青瓷器。此后，历经三国、两晋、南北朝的不断发展，至唐代形成了"南青北白"的陶瓷手工业生产格局，"千峰翠色"的越窑秘色瓷成为当时青瓷的代表。越窑瓷器多为青黄釉，釉层极薄，透明度高，在五代和北宋早期出现了繁缛纤细的划花装饰。值得注意的是，1990 年在慈溪市低岭头窑址、1998 年在慈溪市寺龙口窑址，即越窑著名产地上林湖地区出土了一种与传统越窑青瓷风格迥异的天青釉产品。低岭头窑址天青釉产品见于上层堆积，年代大致为南宋初年。釉有凝脂感，不透明，呈乳浊状，釉面有裂纹。有些器物多次上釉，断面可观察到两或三层釉现象，并有素烧器出土，表明为两次烧成工艺。此类产品在使用匣钵装烧的过程中摒弃了传统的垫圈支烧工艺，采用了汝窑的支钉支烧技术。器形不仅有碗、盘、碟、罐、灯、洗等日常生活用具，还有炉、瓶、樽、钟、瓯等一些礼器。[1] 寺龙口窑址天青釉产品主要见于南宋早期，与低岭头窑址类似，釉为乳浊半失透状，部分器物以支钉窑具间隔，支钉数量 4~8 个不等。与汝窑支钉是在垫圈的圈面上手工捏制不同，这里的支钉是在垫圈上切几个口使其呈锯齿状，齿端与器物的底部接触面较大。产品除生活用器外也有祭器和陈设器，显非民间所用之物。[2]这类瓷器的釉色、形制及烧成工艺等皆与汝窑瓷器相似，而慈溪寺龙口、低岭头在南宋时属越州和绍兴府余姚县所辖，故很有可能是《中兴礼书》中绍兴初年朝廷命越州和绍兴府余姚县烧造明堂祭器的"祭器"[3]。

（二）汝窑与南宋官窑

根据相关文献记载，南宋官窑有两个，先为修内司窑，后为郊坛下窑。考古工作者于 1956 年在浙江杭州市乌龟山发掘了郊坛下窑址，1996 年又在浙江杭州市老虎洞找到了修内司窑址。[4] 由于修内司窑建于南宋早期，距北宋灭亡不久，与汝窑关系较为密切。老虎洞窑址出土瓷器多为粉青釉，釉面滋润，呈半失透状，产品不重装饰，尤其是支钉

---

［1］沈岳明：《修内司窑的考古学观察——从低岭头谈起》，中国古陶瓷研究会编《中国古陶瓷研究·第四辑》，紫禁城出版社，1997 年。

［2］浙江省文物考古研究所、北京大学考古文博学院、慈溪市文物管理委员会：《寺龙口越窑址》，文物出版社，2002 年。

［3］（宋）赵子直：《中兴礼书》卷五九"明堂祭器"条，徐松辑自《永乐大典》抄本，北京大学图书馆藏清抄本。

［4］杭州市文物考古所：《杭州老虎洞南宋官窑址》，《文物》2002 年第 10 期；杭州市文物考古所：《杭州老虎洞窑址瓷器精选》，文物出版社，2002 年。

支烧工艺的使用，与越窑青瓷的传统风格大相径庭。老虎洞窑址青瓷也为两次烧成。在老虎洞窑址曾清理出一座保存比较完整的馒头窑，在窑床内及窑炉周围发现大量素烧坯残件，应是烧制素胎坯件的素烧炉。老虎洞窑址出土的不少器物，如洗、盘、碗、鹅颈瓶、梅瓶、纸槌瓶、套盒、盏托、器盖等，与汝窑同类器毫无二致，俨然出自同一工匠之手。

（三）汝窑与南宋龙泉窑

龙泉窑是中国历史上的名窑，1982 年出版的《中国陶瓷史》将其列为宋代六大窑系之一。龙泉窑青瓷主产于浙江省的龙泉市，以龙泉市大窑、溪口等窑址为代表，扩散至周边地区乃至闽、粤诸省。从近年的考古成果来看，龙泉窑约始烧于唐代晚期，南宋和元代为其鼎盛时期，以翠青和粉青釉瓷器名闻天下，明代中期后衰落，但其青瓷生产始终没有间断，一直延续至当代。龙泉窑以烧制青瓷而闻名，北宋时期的产品风格主要受越窑的影响，釉色青黄，釉薄，半透明。产品以生活用具为主，在装饰工艺上有刻花、划花和篦纹，图案有花卉、飞鸟、鱼虫和婴戏纹等。南宋时期，北方的汝窑、定窑制瓷技术传入南方，龙泉窑结合南北技艺，迅速走向成熟，并形成了自己的风格。此时的青瓷产品有薄、厚釉之分，其厚釉类产品仿汝窑，通常经过几次上釉和几次素烧，施釉数层后再入窑烧制成品。厚釉青瓷有黑胎和白胎两类，器形丰富多样，以造型与釉色取胜，纹饰较少。2010~2011 年，浙江省文物考古研究所相继发掘了龙泉市溪口瓦窑垟窑址和小梅镇瓦窑路窑址，出土了一批黑胎青瓷。这批黑胎瓷器胎壁很薄，釉层较厚，器表开有细碎片纹。器物造型规整，具有官窑瓷器品质，用类似汝窑的支钉满釉支烧，瓦窑垟窑址还出土了少量支钉窑具。由于同出有"河滨遗范"铭碗，发掘者推测两窑址出土黑胎瓷器的年代不会晚于南宋早期，其性质与宫廷有关，应是文献中记载的哥窑。[1]

[1] 沈岳明：《龙泉窑黑胎瓷器的考古发现与认识》，故宫博物院编《哥瓷雅集——故宫博物院珍藏及出土哥窑瓷器荟萃》，故宫出版社，2017 年。

2019年张公巷窑址考古新发现及再讨论

赵文军[1]　郝雪琳[2]　翁　倩[2]

（1.河南省文物考古研究院　2.复旦大学文物与博物馆系）

一、张公巷窑址发掘概况及产品特征

2000年，河南省汝州市张公巷附近居民在旧房改建挖地基的过程中发现了不少质量上乘的青瓷残片，通过抢救性发掘，与宝丰清凉寺汝窑特征相近的张公巷窑青瓷开始走进人们的视线。特殊的地理位置和高质量的青瓷产品使人很容易将张公巷窑与北宋官窑联系起来，为北宋官窑的研究提供了新的材料。在其后的十余年间，河南省文物考古研究院先后对张公巷窑址进行了四次考古发掘，出土了大量张公巷窑青瓷产品和窑具。其中2004年的发掘最为重要，清理出不同时期的房基、水井、灶、灰坑、淘洗池等多处遗迹，出土了大量包括青瓷和素烧器瓷片在内的完整或可复原的瓷片和窑具，其中青瓷残片集中分布在四号探方的第4层和H88、H95、H101等几个灰坑中，灰坑H88中的青瓷占比更是高达99%，能复原的器物有44件之多。[1]

2015年12月，张公巷窑址得国家文物局文物保护总体规划立项，开始进行大规模发掘和研究工作。2016年，相关部门完成了窑址周边地区的拆迁工作。2017年，河南省文物考古研究院与北京大学考古文博学院联合对张公巷窑址展开第五次主动性、大规模的考古发掘。遗址以张公巷为界被分为西部（Ⅰ区）和东部（Ⅱ区）两个区域，分别开10米×10米探方8个、5米×5米探方9个，发掘总面积1025平方米，清理出砖瓦窑3座、房基18座、水井4个、灰坑160个、灰沟18条、路5条，并于T0510中发现青瓷埋藏坑和匣钵埋藏坑，出土张公巷窑青瓷标本20余件。[2] 2019年上半年，在Ⅰ区东南角T0610中，新发现张公巷窑青瓷埋藏坑两处，编号为H813、H833，出土了匣钵、垫饼、耐火砖、烧土块、炭粒以及大量青瓷标本和残片，其中H813出土青釉八卦纹鼎式炉和龙纹花口平底盘各一件，H754出土五行镂孔熏炉盖一件（见下文详述），

---

［1］郭木森：《汝州张公巷窑的发掘与初步研究》，河南省文物考古研究所编《汝窑与张公巷窑出土瓷器》，科学出版社，2009年。

［2］赵文军等：《河南汝州张公巷窑址的发现、研究与新动态》，https://mp.weixin.qq.com/s/ep3ziG4QmaOFWm3BoKWWtQ.

此三件器物为以往发掘所不见，为研究张公巷窑的性质和年代提供了新的材料。

就目前的发掘情况来看，张公巷窑青瓷与宝丰清凉寺汝窑和南宋官窑的产品特征较为接近，三者具有明显的承继关系。器形上，既有碗（直口深腹碗、弧腹碗、折沿弧腹碗、鼓腹碗）、盘（花口折腹圈足盘、板沿平底盘、葵口平底盘、八方盘）、圆形平底碟、洗（圆形弧腹平底洗、椭圆平底内凹洗、椭圆裹足洗）、器盖、盏托、套盒、枕等日常生活用瓷，也有鹅颈瓶、纸槌瓶、梅瓶、贴塑瓶、方壶、鼎式炉、莲座堆塑熏炉等陈设用瓷，其中以碗、盘、洗、器盖、纸槌瓶为大宗，多为宋代常见的瓷器风格，大部分可在宝丰清凉寺汝窑、南宋官窑中找到相同或者相似的器形（八卦纹鼎式炉、金木水木土五行镂孔器盖为张公巷窑址独有）。不同于宝丰清凉寺汝窑青瓷的"天青釉，香灰胎"，张公巷窑青瓷胎体较薄，胎质细腻坚实，胎色有粉白、灰白和少量浅灰色；釉层相对较薄而均匀，釉色分卵青、淡青、灰青和青绿等，釉面有冰裂纹或鱼鳞纹开片，玻璃质感较强。器表装饰以素面为主，个别器物上装饰刻划花、印花堆塑纹饰（盘、香炉、器盖、熏炉、瓶等）。产品多为模制成型，先素烧再釉烧，均采用匣钵装烧，匣钵分漏斗状和筒状两种，大部分匣钵的外壁涂有一层耐火材料，还有不少匣钵内外可见一层青白或月白色薄釉。碗、盘、瓶等带圈足的器物多为平直圈足，也有少量外撇圈足；圈足类器物大多足端刮釉垫烧，少量裹足满釉支烧；平底器物多采用支钉支烧的方式，支钉痕呈圆形的小米粒状，支钉数量不等，与器物的形制、大小有密切的关系；器盖多满釉支烧，盖内可见三个或五个小米粒状支钉痕。

总体来看，目前所见的张公巷窑青瓷产品面貌特征较一致，从设窑到弃窑废烧均为高质量青瓷，未能分辨出早晚变化，缺乏像宝丰清凉寺汝窑那样一个由粗到精的发展过程，说明其烧造时间可能不长。目前已发现的张公巷窑青瓷多集中分布在个别青瓷埋藏坑中（如 H813、H833 等），瓷片较为破碎，有的可见击打痕迹，显然是有意为之，这种打碎填埋的行为与南宋老虎洞官窑[1]十分类似，不同于宝丰清凉寺汝窑[2]残次品的随意处理。

二、新发现的三件典型器物

· 天青釉暗刻龙纹盘：张公巷窑级别较高

龙纹是我国特有的传统纹样，曾一度作为天子的专属符号出现在瓷器等皇家器物上，其使用有极其严格的等级规定，臣庶不得僭越。在五代至北宋早期，越窑曾大量烧造青瓷贡奉中原朝廷，在众多纹饰中，龙纹是极特殊的一类，饰有龙纹的器物多造型规整、

[1] 杭州市文物考古所：《杭州老虎洞南宋官窑址》，《文物》2001 年第 10 期。
[2] 河南省文物考古研究所：《宝丰清凉寺汝窑》，大象出版社，2008 年。

釉色莹润，且常见于皇家贵族的墓葬中，如辽祖陵一号陪葬墓出土的越窑青瓷龙纹洗（彩图五：1），宋太宗元德李皇后陵出土的越窑青瓷划花龙纹大盘（彩图五：2），[1] 精湛的工艺、高超的品质无不表明其级别之高。

在 2019 年上半年张公巷窑址的发掘中，于青瓷埋藏坑 H813 中发现了一件青釉暗刻龙纹花口平底盘 2019 汝张 T0610H813：15（彩图五：3），口径 23、底径 15.6、高 1.8 厘米，六瓣花口，板沿饰云雷纹一周，内壁与花口对应有六条凸线，浅斜腹，平底，内底细线暗刻龙纹；灰白胎，胎质细腻；通体施天青釉，釉层莹润，玻璃质感较强，冰裂纹开片，外局部脱釉；满釉支烧，外底见 7 个小米粒状支钉痕。龙纹盘的发现，为张公巷窑性质的确定（为宫廷烧造瓷器的贡窑或官窑）补充了新的证据。

与张公巷窑址关系密切的清凉寺窑址和郊坛下窑址同样也发现有龙纹题材的器物。据发掘报告介绍，清凉寺汝窑成熟期的龙纹分模印和刻划两种，以模印为主，常饰于钵、盒盖上，刻划纹仅见于个别瓶类器上（彩图五：4）。如汝窑成熟期的敞口钵 T29 ③ B：180，内底饰盘龙纹，龙首居中，龙体缠绕周边，器表模印三层仰莲纹；T30 ③ B：8，龙纹清晰，器表模印水波纹；碗形器盖 T28 ③：37，盖顶模印一盘龙纹，龙首居中，龙体部分残缺，盖面周边饰凹弦纹两周。[2] 郊坛下南宋窑址出土的龙纹素烧盘底（彩图五：5），盘底圈足，内底模印一条盘龙，以粗犷的线条表现龙张吻吐舌、龇牙舞爪的威猛，反映了官窑工匠的高超技艺。[3]

张公巷窑、上林湖越窑、清凉寺汝窑、郊坛下窑均出土有龙纹题材的器物，上林湖越窑和清凉寺汝窑的供御身份已有共识，郊坛下窑也基本可以确定为南宋官窑，而张公巷窑青瓷品质较高，并且没有经历清凉寺汝窑那样由粗变精、由民窑变为贡窑的过程，至少可以表明其具有供御身份。

·青釉八卦纹鼎式炉、青釉五行镂孔熏炉盖：张公巷窑部分产品受道教影响

《易经·系辞上》曰："易有太极，是生两仪，两仪生四象，四象生八卦，八卦定吉凶，吉凶生大业。"作为道教的典型纹样，八卦纹由八组长短不一的短线符号组成，分别代表乾、坤、震、巽、坎、离、艮、兑八种图形，与天、地、雷、风、水、火、山、泽八种自然现象相对应，可以预测吉凶。宋代铜镜上常见此类纹饰，瓷器上装饰八卦纹的现象比较少见，目前所见主要是香炉、熏炉等器物，多与宗教活动相关。

张公巷窑址目前仅发现一件装饰有八卦纹饰的瓷器，出土于青瓷埋藏坑 H813。青釉八卦炉 2019 汝张 T0610H813：33（彩图五：6），残高 12.8 厘米，鼎式炉，双耳残缺，盘口，短直颈，直腹，近平底，下承三兽足；外腹饰凸起的八卦纹，并用凸棱间隔，其

---

［1］汤苏婴、王轶凌：《青色流年——全国出土浙江纪年瓷图集》，文物出版社，2017 年。

［2］河南省文物考古研究所：《宝丰清凉寺汝窑》，大象出版社，2008 年。

［3］邓禾颖：《南宋官窑》，浙江摄影出版社，2009 年。

下近底部亦装饰有浮雕纹饰；灰白胎，胎质细腻；内外施月白釉，釉色均匀，玻璃质感较强，足端刮釉。

　　宋代八卦纹题材的青瓷香炉还见于重庆荣昌窖藏、四川遂宁金鱼村南宋窖藏以及浙江龙泉大窑遗址。1984 年重庆市荣昌县合靖乡祝家村兴建房舍时发现一窖藏，出土瓷器 145 件，其中完整器 123 件，以南宋或金代产品为主，窑口涉及定窑、广元窑、建阳窑、耀州窑、吉州窑、龙泉窑等，个别窑口归类需继续探讨。这批瓷器中有一件青釉八卦纹鼎式炉（彩图五：7），口径 13.6、残高 11.7 厘米，双耳残损，厚唇，直颈，鼓腹，三柱足；外壁贴塑八卦纹；胎白且质细；通体施淡青釉，无开片，雅洁婉润。此炉造型浑厚淳朴，稳重大方，发掘者将其归入耀州窑。[1] 四川省遂宁市南强镇金鱼村窖藏于 1991 年村民取土时发现，是一处南宋后期窖藏遗存，出土器物除少量铜器和石器外，绝大部分为瓷器，其中包括龙耳簋、贯耳壶、琮式瓶、鬲式炉、鼎式炉、青瓷樽等多件仿铜、仿玉礼器，绝大多数器物为南宋后期产品，少数器物可早到北宋末至南宋初。青瓷中龙泉窑的粉青、梅子青器系南宋后期产品。出土有八卦炉（彩图五：8），口径 7.4、高 7.2 厘米，鼎式炉，两立耳，一侧立耳有残，小盘口，圆唇，直腹，下腹弧收，平底，下承模印三兽足；腹部饰凸起的八卦纹；白胎；梅子青釉；外底无釉，足端呈朱红色。此炉为南宋后期龙泉窑产品，与张公巷窑址出土的八卦炉最为相似。同出的还有一件景德镇青白釉八棱形炉（彩图五：9），器身呈八棱形，直口，外平折沿，两立耳，短颈，鼓腹，腹部有两环耳，三兽足，兽足上端堆贴龙头装饰，下部作象鼻卷曲状。[2] 1964 年景德镇河西出土一件影青方耳兽足八卦纹香炉（彩图五：10），口径 7.8、高 10.5 厘米，盘口，方耳，直腹，圜底，下承三兽足；炉体一周刻八卦纹饰；釉色晶莹剔透，器身光滑细腻。[3] 该炉是目前所见最早刻有道教纹饰的景德镇影青瓷器，年代为南宋。郑建明先生在看到张公巷窑址出土的八卦炉后曾指出，龙泉大窑遗址也发现过类似的八卦炉（彩图五：11），除口颈不同外，其他部位与张公巷窑址出土的标本大体类似。

　　目前所见的青釉八卦炉还有元代龙泉窑的产品，如山东省茌平县肖庄乡王菜瓜村窖藏[4]、浙江省青田县鹤城镇前路街窖藏[5] 都出土过八卦炉（彩图五：12），均为奁式炉，直腹或斜腹，平底，下承三蹄足，炉身饰凸起的八卦纹。

　　从器形上看，张公巷窑址出土的青釉八卦炉与南宋时期的八卦炉造型更为相近，均为鼎式炉，带双立耳，而元代龙泉窑生产的八卦炉为无耳奁式炉。虽然目前还不能确定

［1］王永超：《南宋窖藏：重庆荣昌出土瓷器》，《收藏》2018 年第 4 期。

［2］庄文彬：《四川遂宁金鱼村南宋窖藏》，《文物》1994 年第 4 期。

［3］李辉柄：《中国美术分类全集：中国陶瓷全集・宋（下）》，上海人民美术出版社，1999 年。

［4］刘善沂、李盛奎、孙怀生：《山东茌平县发现一处元代窖藏》，《考古》1985 年第 9 期。

［5］王友忠：《浙江青田县前路街元代窖藏》，《考古》2001 年第 5 期。

张公巷窑址出土的八卦炉与南宋八卦炉的早晚关系，但至少可以确定张公巷窑的产品面貌与南宋时期较为接近，与元代则相去较远。

与道教相关的纹饰还出现在熏炉盖上。如郊坛下南宋官窑遗址曾出土一件青瓷八卦熏炉盖（彩图五：13），盖径18.5、高4.4厘米，方唇平沿，顶心为笠帽形纽；以盖纽为圆心镂刻两圈纹饰，内圈为两组对称的镂空缠枝花草纹，外圈为镂空八卦纹；浅灰色胎，质地较细腻；灰青色薄釉，光泽差，盖底一周内外无釉，可能与器身合烧。以透雕镂孔为出烟口，构思巧妙。[1]此类熏炉盖在张公巷窑址亦有发现，出土于灰坑H754的青釉五行镂孔熏炉盖2019汝张T0510H754：5（彩图五：14），盖径10.6、高4.8厘米，方唇平沿，弧盖面，其上等距分布"金、木、水、火、土"五行镂孔一周；盖纽呈龙形提梁状，二龙尾部相连，龙首口部微张，分别与两侧的盖面衔接，背部起脊，腹部刻划鳞片纹；浅灰胎，胎体薄而坚致；通体施豆青釉，釉层均匀莹润，玻璃质感较强，局部呈稀疏的冰裂纹开片；盖沿刮釉一周垫烧。

"国家不兴诗家兴"，政治上的颓靡在一定程度上刺激了思想的发展。宋代帝王，从宋太宗赵光义到宋徽宗赵佶都对道教尊崇备至，除了统治者本人的思想追求外，还与时代背景息息相关。宋真宗时期，宋廷在与金人的对抗中节节败退，并签订了带有屈辱性质的"澶渊之盟"，为了掩饰在政治和军事上的失败，重振赵氏皇室的威信，在宰相王旦、参知政事王钦若的劝诱下，宋真宗开始了"神道设教，驯天下强梗"的崇道活动。宋徽宗时期，由于个人审美追求与政治需求相交织，道教被进一步神化并发展至顶峰，徽宗自封教主道君皇帝，将佛教的名号和用语道教化，甚至连《汉书·古今人表》上原来列在第四等的老子也被提升到第一等，道教成为国教。北宋灭亡后，南宋高宗赵构受命于危难之际，南渡后，他试图借助道教来实现政治目的，具体表现为一方面通过设立道场并祭祀先祖来恢复礼制，另一方面通过道教来神化皇权、重振皇威。

统治者的好恶影响着整个国家和士大夫阶层的哲学思想和审美情趣。宋徽宗文化修养和艺术造诣极高，在他的倡导和影响下形成了自然柔和、含蓄雅致的士大夫文化。端庄清雅的汝窑系青瓷在这样的背景下应运而生，迎合了徽宗和文人的审美情趣。而瓷器上的八卦纹、五行纹，则反映了当时道教的巨大影响。因此，从审美和政治角度来讲，张公巷窑更像是为宫廷专门设置的，其产品主要服务于赵姓皇室，与草原民族的审美、宗教信仰和金代政权的政治需求差异较大。

三、关于张公巷窑性质和年代的讨论

围绕张公巷窑的集中讨论主要在2004年5月郑州"张公巷窑、巩义黄冶窑考古新

---

[1] 邓禾颖、唐俊杰：《南宋官窑》，杭州出版社，2008年。

发现学术研讨会"、2005 年韩国利川"朝鲜官窑博物馆韩、中、日青瓷学术研讨会"、2005 年 6 月日本大阪"汝州张公巷研讨会"、2007 年日本大阪"国际研讨会：接近北宋汝窑青瓷的谜"、2010 年 9 月北京"宋代官窑及官窑制度国际学术研讨会"等几次研讨会上。此外，部分学者的观点还散见于发表的文章。十余年来，关于张公巷窑的年代和性质争论不断，争论的焦点主要在于"张公巷窑是否为北宋官窑"，问题的关键在于窑址的年代。随着出土材料的不断丰富以及对历史文献的解读和研究不断深入，目前对张公巷窑性质的认定逐渐明晰，即官窑或者至少有类似汝窑的供御性质。经过比较研究，张公巷窑青瓷的烧造年代晚于清凉寺汝窑已基本无疑，但晚到何时、与南宋官窑的时间先后仍无定论，即张公巷窑的具体年代无法通过简单的比较来确定。究其原因，一方面是受考古工作所限（汴京城深埋地下难以发掘，北宋官窑是否在汴京未能确定；张公巷窑窑炉未发现，宋末金元时期时间间隔短且地层遗迹关系复杂，给年代的确定造成一定难度；城址、墓葬出土材料有限，不排除以往考古工作中将出土的张公巷青瓷与清凉寺汝窑、南宋官窑混为一谈的可能），另一方面则是对历史文献有不同解读（如对"京师"二字的理解等）。关于张公巷窑的年代，目前学界主要存在元代说、金代说、北宋末说三种观点。

（一）元代说

持此观点的学者主要是秦大树先生。秦先生最初根据张公巷窑址早期地层出土的青瓷与早期以后地层（依据郭木森先生主张为金代地层）出土的青瓷造型相同，认为张公巷窑早期地层的年代可能在金代后期，而非北宋末年，即张公巷窑是在金代后期建立的。后在《宋代官窑的主要特点——兼谈元汝州青瓷器》一文中，秦先生结合地层、文献、产品特征和装烧方式等方面因素，判断张公巷窑是金元时期一个生产类似汝窑器物的青瓷窑场，元代至元年间成为为官府生产礼制性器物的官窑。[1] 对于此种观点，陆明华先生在《官窑相关问题再议》一文中，从产品特征不符、官方文献未见记载、明《正德汝州志》等地方志移花接木，以及元代官方祭器中的"青磁牲盘"应和龙泉窑产品有关等方面逐一进行了分析和质疑。[2] 此外，将张公巷窑发现的八卦炉与目前其他窑址或窖藏出土的八卦炉进行比较，可以看出张公巷窑所出的八卦炉明显与南宋时期的造型更为接近。

（二）金代说

主张金代说的学者较多。如权奎山先生认为张公巷窑是金代民窑，并推断其是在金

［1］秦大树：《宋代官窑的主要特点——兼谈元汝州青瓷器》，《文物》2009 年第 12 期。

［2］陆明华：《官窑相关问题再议》，故宫博物院古陶瓷研究中心编《宋代官窑及官窑制度国际学术研讨会论文集》，故宫出版社，2012 年。

代初年由原北宋汝官窑工匠或以原汝官窑工匠为主的一些工匠建立的，烧造具有汝官窑特点的瓷器。[1]陆明华先生认为张公巷窑可能是与宝丰汝窑性质相似的提供金代皇家用瓷的贡窑。[2]王光尧先生认为张公巷窑极有可能是金代晚期甚或更晚的时期命汝州烧造的结果，或是为学习南宋官府窑场的管理方式所建立的一座金代官府窑场。[3]唐俊杰先生通过对汝窑、张公巷窑和南宋官窑的比较研究，并结合出土于T4第5层的"正隆元宝"铜钱，推测张公巷窑是金海陵王为营建汴京而命汝州烧造瓷器的窑场。[4]韩国学者李喜宽先生通过比较核实张公巷窑的出土遗物，以及宋金元窑址、窖藏、墓葬中出土和其他窑场生产的瓷器，并参照宋金元的银器等，认为张公巷窑是建立于金代后期的一座官窑，并随金朝的灭亡而消失。[5]日本学者伊藤郁太郎先生认为北宋官窑的设置除了礼制的考虑外，还受宋徽宗的美学和宗教理念影响，通过对张公巷窑地层、烧造技术以及时代背景等进行分析，推测张公巷窑可能是仿北宋官窑的金代官窑，且为海陵王时期的可能性最大。[6]

目前出土的张公巷窑青瓷器物多集中在金代地层或灰坑中，且有关科技检测表明张公巷窑 H101 出土的青瓷和老虎洞南宋官窑晚期青瓷标本的生产时代比较接近，[7]这对金代说是十分有利的证据。但同时也应看到，除了缺乏相应的金代官方文献记载外，目前发现的金代城址、帝陵及贵族墓葬中所见的瓷器均以白瓷为主，未发现张公巷窑青瓷。此外还应注意女真族草原文化和汉人文化之间存在的差异，尤其是宗教信仰、礼制、审美等方面。张公巷窑址发现的八卦鼎式炉和五行镂孔熏炉盖具有明显的道教色彩，应与宋廷尊崇道教联系更为密切。假设张公巷窑是在金代中后期（海陵王时期）所设的仿汝窑或仿北宋官窑的金代官窑，势必会涉及窑工的来源以及技术的传承。从北宋灭亡（1127 年）到金海陵王在位时期（1149~1161 年），其设窑时间如果按有关学者推测的正隆年间（1156~1161 年），则中间相隔近 30 年，结合当时南北移民以及战乱造成的颠沛流亡以及当时宋人的平均寿命，设窑时已很难找到来自汝窑的技术熟练且身体条件

[1]权奎山：《汝窑和老虎洞窑瓷器的比较研究》，《说陶论瓷——权奎山陶瓷考古论文集》，文物出版社，2014 年。

[2]陆明华：《官窑相关问题再议》，故宫博物院古陶瓷研究中心编《宋代官窑及官窑制度国际学术研讨会论文集》，故宫出版社，2012 年。

[3]王光尧：《关于汝窑的几点新思考》，《河南新出宋金名窑瓷器特展》，保利艺术博物馆，2009 年。

[4]唐俊杰：《汝窑、张公巷窑与南宋官窑的比较研究——兼论张公巷窑的时代及性质》，《故宫博物院院刊》2010 年第 5 期。

[5]李喜宽、崔海莲：《汝州张公巷窑的年代与性质问题探析》，《故宫博物院院刊》2013 年第 3 期。

[6]（日）伊藤郁太郎：《北宋官窑的谱系——关于汝州张公巷窑的诸多问题》，故宫博物院古陶瓷研究中心编《宋代官窑及官窑制度国际学术研讨会论文集》，故宫出版社，2012 年。

[7]丁银忠、孙新民、陈铁梅：《从陶瓷科技的角度探讨张公巷窑的时代》，《文物》2018 年第 2 期。

较好的窑工了，至于是否有来自南宋官窑的窑工则是另一个需要考虑的问题了。因此张公巷窑金代说同样不能使人信服。

（三）北宋末说

直接记载有关北宋官窑的宋代史料目前主要见叶寘的《坦斋笔衡》和顾文荐的《负暄杂录》，二者内容基本相同。其中南宋叶寘《坦斋笔衡》载："本朝以定州白磁器有芒，不堪用，遂命汝州造青窑器，故河北唐、邓、耀州悉有之，汝窑为魁。江南则处州龙泉县窑，质颇（粗）厚。政和间，京师自置窑烧造，名曰官窑。中兴渡江，有邵成章提举后苑，号邵局，袭故京遗制，置窑于修内司，造青器，名内窑；澄泥为范，极其精致，油色莹澈，为世所珍。后郊坛下别立新窑，比旧窑大不侔矣。余如乌泥窑、余杭窑、续窑，皆非官窑比。若谓旧越窑，不复见矣。"若张公巷窑的年代果真是北宋末的话，那么无论是从地理位置、产品面貌、装烧方式、残次品处理方式还是从文化背景等方面看，它都极有可能是北宋官窑。早期主持张公巷发掘工作的郭木森先生曾指出，张公巷窑的建立和与开始烧造青瓷的时间是北宋末年，进入金代后仍生产品质极高的青瓷，即张公巷窑的早期阶段应属北宋官窑。[1]但目前所发现的张公巷窑青瓷多集中出土在金代地层或遗迹中，北宋地层是否出土有张公巷窑青瓷也存在争议[2]。虽然在北宋末年的动荡环境，专为皇家烧造瓷器的北宋官窑很难维系，但历史存在偶然，这种情况也并非绝对，器物的流行变化有时不一定与朝代的更迭同步，还需要从考古发掘、文献记载等多方面寻找证据。

1978 年洛阳安乐窖藏瓷器中有一件青瓷碗，发掘者称其"胎为香灰色、釉色青绿，底部支钉如芝麻痕大小，与汝窑瓷十分接近"[3]。笔者未能见到实物，但据谢明良先生介绍这是一件张公巷窑青瓷碗，并且其相对年代有较大可能在北宋末徽宗时期。[4]

汝州位于河南省中西部地区，北临嵩山，南靠伏牛山，汝河穿城过，瓷土资源丰富。南宋顾文荐在《负暄杂录》中曾言："本朝以定州白瓷有芒，不堪用，遂命汝州造

[1]郭木森：《汝州张公巷窑年代的相关研究》，《北宋汝窑青瓷——考古发掘成果展》，大阪市立东洋陶瓷美术馆，2009 年。

[2]郭木森先生在《汝州张公巷窑的发掘与初步研究》（河南省文物考古研究所：《汝窑与张公巷窑出土瓷器》，科学出版社，2009 年）中认为"张公巷烧造青瓷的年代大致在北宋末到元代初年"，但由于其在介绍 H101 时未进行年代推断，故而秦大树先生在《宋代官窑的主要特点——兼谈元汝州青瓷器》（《文物》2009 年第 12 期）中指出"尽管 H101 开口在第 5 层下，但也没有证据可以早到北宋"，认为"其定为北宋末的证据是非常薄弱的"。

[3]张剑：《洛阳安乐宋代窖藏瓷器》，《文物》1986 年第 12 期。

[4]谢明良：《北宋官窑研究现状的省思》，《故宫博物院院刊》2010 年第 5 期。

青窑器，故河北、唐、邓、耀州悉有之，汝窑为魁。江南则处州龙泉县窑，质颇粗厚。宣政间，京师自置窑烧造，名曰'官窑'。"宋代的汝州因烧造高质量青瓷而名载史册，并且有可能作为北宋官窑的所在。需要注意的是，文献中的汝窑可能并不仅指某处窑场，而是泛指汝州地区所有生产同类高质量青瓷的窑场。耿宝昌先生也曾提到，北宋汝窑窑址"不应就是已发现的宝丰与临汝两地，应该还有其他地方"[1]。经考古调查，鲁山地区可能也曾烧造过此类青瓷。汝窑窑址可能不止一处。将张公巷、清凉寺、鲁山地区等地出土的青瓷（可能还存在其他尚未发现的具有此类特征的窑址）全部归入广义上的汝窑（或汝窑系），然后按阶段和地域进行时间和空间上的讨论，可能会产生新的认识。

虽然目前北宋地层出土的张公巷窑青瓷有限，但从器物特征以及文化背景等角度来看，张公巷窑青瓷可能与赵宋皇室联系更为密切。由于材料的暴露程度和范围是一个客观限制条件，所以传世品和文献记载仍值得引起重视，此外还需要从器物比较、地域关系、时代背景（包括与高丽的交往情况）、科技检测等角度进行综合研究。

附记：本文在撰写过程中得到了复旦大学郑建明教授的大力支持和启发，所用图片大部分来自其慷慨的帮助，在此深表谢意！

---

[1] 耿宝昌：《复议宋官窑青瓷》，《故宫博物院院刊》2005 年第 2 期。

具象与意象

——汝窑与南宋官窑相关问题再认识

邓禾颖

（杭州南宋官窑博物馆）

宋代是我国古代制瓷业的高峰期，南北瓷窑林立，产品各具特色而又相互仿效，呈现出百花齐放的精神风貌和崭新的艺术境界。史料记载，北宋徽宗朝首设官窑烧造陶瓷供宫廷享用，宋室南迁后又沿袭旧制重设官窑，中国瓷业自此有了"文野之别"。20世纪以来，随着文物考古部门对河南宝丰清凉寺汝窑、南宋郊坛下和老虎洞官窑多次考古调查及发掘，基本厘清了它们的窑场范围、结构、作坊布局与产品种类。围绕考古发掘资料及相关文献记载，古陶瓷界对汝窑、北宋官窑及南宋官窑的话题展开热议，成果丰硕。但仍有许多疑难未能解决，例如汝窑的性质、北宋官窑的设置地点、张公巷窑的烧造时间、南宋官窑产品的功用等，诸多的疑虑将研究不断引向深入。本文就目前所见杭州出土汝窑资料以及南宋官窑的研究谈一些认识，谬误之处尚祈方家指正。

一、对杭州出土汝窑青瓷的思考

20世纪90年代以来，随着城市建设的日新月异，沉睡八百年之久的南宋临安城被逐渐揭示出来，先后取得了一批重要的考古研究成果。其中，在南宋文化堆积层中出土了极为丰富的宋代南北各窑口陶瓷残片，数量之丰富，品质之精美，在令人为之惊叹的同时，也不断刷新着人们对宋代陶瓷制造业的认知。与越窑、龙泉窑、定窑等出土量较大的标本相比，汝窑青瓷标本发现较少，除考古发掘出土的3件外，笔者还收集到城市建设中出土的20余件汝窑的资料。现作简要介绍：

（一）考古发现

1999年，杭州修建贯通南北的中河高架，杭州市文物考古所在馒头山东麓的万松岭路东段南侧[1]进行考古发掘，"在南宋地层发现了汝瓷残片，可辨器形有梅瓶和圈

---

[1] 此地距离1997年出土大量南宋官窑瓷碎片的杭州卷烟厂仅一路之隔，临近南宋皇城东华门，杭州人把这一带称为凤山门。

足盘两种。其中梅瓶均为腹部残片，香灰色胎，胎体较厚，施天青釉，釉面有少量开片。圈足盘为大平底，高圈足卷撇，裹足支烧，外底残留 3 个支钉痕，呈'芝麻铮钉'状，香灰胎，胎体薄，整器轻巧，施天青釉，釉面乳浊，因水浸而大面积泛白，局部可见浅而小的开片"[1]。

2001 年，位于清波门内、吴山西麓的中大吴庄地产项目开工建设，考古部门发现了南宋恭圣仁烈皇后[2]宅遗址。在遗址中部的方形水池中发现一件汝窑梅瓶残片，"小盘口，丰肩，也为香灰胎，施天青釉，釉面有小开片"[3]。

（二）城市建设出土

1997 年，杭州卷烟厂基建工地曾出土一大批南宋官窑类型的青瓷及少量其他窑口的标本，其中有一件汝窑盘残片（彩图六：1），胎呈香灰色，留有一个芝麻状支钉痕，天青色釉，细小开片。

1999~2000 年，在前述凤山门中河高架建设过程中还曾出土过一些汝窑残件，蔡乃武在《昆山片玉——中国陶瓷文化巡礼》一书中有详细的记录："瓷片基本集中在 50 平方米左右的水平地面上，下面是精致的方砖铺地，方砖之下便是生土层。在堆积中有明显的木炭、火烧土遗存，给人以大劫之后狼藉满地的感觉。这里以出土精美的高丽瓷为主，汝窑次之，官窑最少。器物有梅瓶、盏托、套盒和小瓶等，均属高档的陈设生活用具，碗盘类日常器具几乎不见……汝窑有梅瓶、盏托、圆形套盒等，有两件套盒的外底有'奉华'两字楷书铭文，为烧成后砣轮镌刻。"[4]其中一件荷叶板沿盏托（彩图六：2）特别精美，且基本完整，高 6.3、托口径 9、盘径 17、圈足径 8 厘米，香灰胎，荷叶板沿上翘，板沿正背面分别凸起五条曲线纹将盘面等分，上呈托腹与直口盏接近，底部与圈足相通，高圈足外撇，圈足着地面上有 5 个支钉痕。通体施天青釉，釉面布满细密开片。其胎釉面貌与清凉寺汝窑遗址出土物基本一致，但质量明显更胜一筹。令人惋惜的是，这一重要的出土信息未被考古部门掌握，精美标本散落于民间，无法开展具体深入的科学研究。

此外，在上仓桥的原东南化工厂、南星桥原粮油品市场、浙江美术馆、金钗袋巷、扇子巷、望江门、发动机厂、沈塘桥、卖鱼桥等杭州老城区建设过程中，都曾有零星汝窑残片出现。可辨器形有莲瓣碗、器盖、折沿盘、套盒、长颈瓶、纸槌瓶、梅瓶等（彩图六：3~11），胎釉总体特征为香灰色胎，天青色乳浊釉，釉面细小开片。其中

［1］唐俊杰：《汝窑、张公巷窑与南宋官窑的比较研究》，《故宫博物院院刊》2010 年第 5 期。
［2］恭圣仁烈皇后为宁宗杨皇后（1162~1232 年），嘉泰二年（1202 年）被立为皇后。
［3］唐俊杰：《汝窑、张公巷窑与南宋官窑的比较研究》，《故宫博物院院刊》2010 年第 5 期。
［4］蔡乃武：《昆山片玉——中国陶瓷文化巡礼》，浙江摄影出版社，2015 年。

四件器物的外底烧成后砣刻"奉华""贵妃位""正德"及"……后阁"款（彩图六：12~15）。

　　不难看出，以上所示汝瓷标本的产品特征均指向宝丰清凉寺。据《宝丰清凉寺汝窑》遗址发掘报告称："北宋灭亡后，金人入主中原，窑工南迁，窑场荒废。汝窑由于北宋宫廷烧制御用瓷的时间较短，传世品不多，南宋时已有'近尤难得'之叹。"[1]高宗时期有关汝窑的记载包括绍兴二十一年（1151年）张俊曾进贡高宗16件汝瓷，以及时隔28年后的淳熙六年（1179年）高宗游聚景园时园内陈设有一件天青汝窑瓶，过去学界普遍认为这些汝瓷都是宋室南迁时带来的旧物。笔者以为，绍兴元年到十年，是南宋皇室颠沛流离、不堪回首的苦痛十年。客观地说，从皇室成员到官员百姓，在四处逃难时随身携带金银细软有可能，但携带既重且脆的瓷器则几无可能。因此，这些散落在杭州的汝瓷碎片是否可以说明汝窑在金代（早期）仍在继续烧造类北宋风格的高质量产品呢？2011~2016年清凉寺窑址发掘中曾出土多达几十万片（件）的素烧器，[2]灰坑形成年代为金代，其中包括北宋汝窑常见的盘、碗、洗、花盆及荷叶板沿盏托等器形（彩图六：16、17）。

　　虽然北宋官窑依然成谜，但其在中国陶瓷史上的地位却是毋庸置疑的，这不仅在于其身份特殊，更是因为它的设立改变了我国宫廷用瓷制度，自此朝廷拥有了烧造专供宫廷使用瓷器的特殊窑场，自北宋至清末，这种用瓷制度不同程度得到沿用。当然，官窑的设立并不代表朝廷通过地方土贡获取宫廷用瓷制度的终结，官窑只是宋代烧造宫廷用瓷的特殊窑场，建窑、定窑、龙泉窑等同时期优秀的民间窑场仍会采用土贡的方式继续为朝廷服务。

二、南宋官窑如玉釉色的源流及形成

　　南宋人叶寘在其笔记《坦斋笔衡》中，把南宋官窑特点精炼概括为"澄泥为范，极其精致，釉色莹澈，为世所珍"。南宋官窑瓷器以器形和釉色作为美化瓷器的艺术手段，极少雕琢，与民间大量运用刻划花、模印和绘画等工艺的越窑、耀州窑、定窑、磁州窑等产品产生了强烈的对比。无论是以商周秦汉铜器为母体的造型，还是碗、盘类器皿，都追求古朴典雅、敦厚玉立之美，柔和流畅的廓线和刚劲明快的转折相结合，比例和谐，呈现出端庄凝重又精美雅致的艺术格调。釉有一眼望不透的温润如玉的质感和釉色，非常典雅。这种玉质感制作难度非常大，是在集中了技术最好的窑工、不计成本反复试制的情况下才有可能达成的。

---

[1]河南省文物考古研究所：《宝丰清凉寺汝窑》，大象出版社，2008年。

[2]河南省文物考古研究院、宝丰汝窑博物馆：《梦韵天青——宝丰清凉寺汝窑最新出土瓷器集粹》，大象出版社，2017年。

　　釉色为欣赏南宋官窑青瓷的第一要素。每个时代的作品都与当时的文化传统、时代习俗、欣赏习惯、审美情趣等相关联。

　　唐代是中外文化大交流、大融合的时代，贸易繁荣，交通发达。唐代瓷业在这样的大背景下开创了一个全新的历史局面，瓷器制品的社会地位得到空前提升，不仅被普通百姓所广泛使用，还开始进入社会上层人士的生活。在这一历史背景下诞生的"秘色越器"尤为值得关注，它是唐代晚期到五代、北宋前期由上林湖窑场烧造的越窑青瓷精品，以土贡或特供方式成为封建皇室享用的奇世珍品。其在中国陶瓷史上第一次对瓷器提出了"类玉""类冰"的明确审美要求，从而树立起古典陶瓷美学的第一面旗帜。五代时，陕西铜川的耀州窑学习越窑秘色瓷，并借鉴金银器的造型和装饰技艺，创烧出犹如"雨过天青"色的高品质淡天青釉瓷，成为贡品。故陶瓷学界有"天青釉从耀州窑开始"的说法，北宋汝窑的天青釉即是受其影响。

　　宋代被认为是我国古代历史上文化最发达的时期，文学、艺术、宗教、戏曲等在这一时期都获得了许多突破。宋朝统治者还注重推行"文治"，普遍提高了士大夫的地位，这使得文人士大夫阶层引领了当时上层社会的主流哲学和美学风尚，作为宋代宫廷用瓷的官窑瓷器也不免受到这种文化背景的影响。南宋官窑瓷器在造型、装饰、主题和门类上对当时的理学、美学、宗教乃至家国观念都有所反映，这也使其成为当时乃至后世文人墨客演绎的经典题材。南宋官窑在唐五代越窑秘色瓷和耀州窑"类冰似玉"、汝窑"汁水莹润如堆脂"的质感基础上进一步提升为多层厚釉，可以说达到了"前无古人"的高度。

　　北宋以前，我国南方地区包括河南等地生产的青瓷基本都是高钙质釉，特点是其黏度随温度变化大，易于流动，所以只能施薄釉。南宋官窑的原料为就地取材，与汝窑相比，胎质颗粒较粗且含有紫金土，经还原焰烧成后呈灰黑色，在黑胎上施薄釉，色调发暗，很难达到玉质感的效果。南宋官窑匠师经过反复实践，使素烧与多次上釉相结合的工艺趋于成熟，有些已经上釉的素烧坯釉层可达四层之多，说明这类瓷器需要经过三四次上釉的复杂工艺，才能获得釉层厚如凝脂的理想效果。曾有学者认为，即便官窑窑场可以不惜工本，也没必要进行如此繁复的工序，因为只要反复施釉，一次高温正烧，同样可以达到厚釉效果。为此笔者曾请技师进行多次试验，发现经过反复几次低温釉烧的产品，其釉面与一次烧成的相比滋润感更强；有些多次釉烧产品的口沿还会留下一道道釉环（俗称水渍印），若是一次烧成则看不到这样的现象。此特征在龙泉青瓷的厚釉产品中同样存在。

　　就釉色而言，南宋官窑瓷以青为主，基本上可分为粉青、灰青、米黄三种色调，受胎釉配方、施釉次数、烧造温度、还原气氛的控制等因素影响而有所变化，如釉色中有青中偏绿或偏黄的，有米黄中偏褐或偏灰的，有的器物上还出现上青下黄、左褐右绿，或由于釉层内薄外厚而呈内褐外青等色泽。以出土瓷片的主要釉色统计，厚釉器以灰青最多，粉青次之；薄釉器粉青釉很少，主要是灰青及米黄色。因此，人们所推崇的粉青色釉只代表了官窑瓷器中精品的色泽，数量有限。

三、南宋官窑的形制与功用

形制为南宋官窑另一要素。前文已述，南宋官窑无论是仿商周秦汉青铜器造型还是碗盘类器皿，都由柔和流畅的廓线和刚劲明快的转折相结合，比例和谐，端庄凝重。究其形制渊源，可追溯至北宋复古运动。国之大事，在祀与戎。北宋复古运动最直接的影响就是促进了礼制的转变，大中祥符九年（1016年），供奉赵宋皇室追认的远祖皇帝的景灵宫落成，从天禧三年（1019年）开始，北宋确立了景灵宫、太庙和南郊“三大礼”，极大地增强了皇帝祭祀的表现力度，其中最重要的是祭祀昊天上帝的祭天大礼。《宋史·礼志》载：“故事，三岁一亲郊，不效辄代以他礼。”[1] 即每三年由皇帝亲自主持祭祀昊天上帝。祭天大礼在制度上有了保障后，祭天时所需的各种器用也需要按照制度来筹备，其中鼎、鬲、甗、爵、卣、罍、簋、豆、敦、钟、磬、尊、盘等三代礼器不可缺少的。据史料记载，宋代成规模地制造陶瓷祭器始见于宋神宗元丰元年（1078年），以陶瓷制造祭器是为了体现古礼“尚质贵诚之义”。“朝廷对陶瓷祭器的倚重，必然对瓷器品质提出更高要求，这或许是天青釉瓷器产生的重要背景。”[2] 而根据《坦斋笔衡》的记载，大观之后的政和直至宣和年间，北宋官窑已经设立，其设立的起因或许也与祭器、礼器材质选择的改变有关。南宋政权建立后即着力恢复各项礼仪活动，文献曾记载“祭器应用铜玉者，权以陶木，卤簿应用文绣者，皆以颉代之”。这究竟是高宗朝对复古运动的承袭，还是更多地反映出南宋朝廷因持续受到金军军事压力而采取谨慎、节俭的态度，抑或两者兼而有之，目前尚无更多的史料可以证实。但高宗和孝宗朝在宫室、舆服的花费上都比较节制，确为史料明晰的事实。

从器物本身来说，礼器的制作需要以三代礼器为祖形，对样式有苛刻的要求，每一个比例、角度、转折都非常严谨、规矩。北宋神宗年间开始在陶瓷生产领域实施的“制样须索”制度，在宋室南渡初时的十余年间，高宗君臣深为礼器制度的不古而苦恼并不时计划改造的记载，都充分证明了这一点。

叶寘“澄泥为范，极其精致”的描述，是与南宋官窑生产礼制性用器的性质密不可分的，用范制作的目的是为了使器物规范、一致，才能“极其精致”。范，即陶制的模具，早在商周时期就被用于青铜器的生产铸造。中国陶瓷史上使用模具最典型的莫过于

［1］（元）脱脱等撰：《宋史》卷九八《礼志一》，中华书局，1977年。
［2］郑嘉励：《说“制样须索”》，杭州南宋官窑博物馆编《南宋官窑文集》，文物出版社，2004年。

各类俑的制作，如秦始皇兵马俑的各个部件以陶范成型，再加以组合形成完整的作品。此外在一些日常器物的制作上也会使用模具，如唐三彩、耀州窑、定窑等器物上常见的印花、贴花等。清凉寺汝窑遗址出土有制作精致的陶范，包括内模与外模，近年来出土了一定数量的仿青铜器造型带夔龙纹饰的素烧残件（彩图六：18、19）。南宋官窑郊坛下窑址也曾出土带有篆体"无养虞之虑"铭文及夔龙纹饰仿青铜器造型的外模（彩图六：20），凑巧的是，在杭州密度桥建设工地中曾发现与该外模铭文及纹饰近乎一致的陶制贯耳壶残片（彩图六：21），后被浙江省博物馆收藏。此外，在杭州城市建设中零星出过类似的仿青铜器陶器残片，这些可能都属于绍兴年间朝廷下令烧造的陶质祭器。上述情况说明南宋官窑除了青瓷也同时生产陶质器物，且毫无疑问地证明了南宋官窑"澄泥为范"的事实特征，并显然受到来自汝窑的技术影响。笔者认为，这里的范有两种用途，一类用于制作纹饰繁缛的仿青铜陶质祭器或靠手工拉坯无法完成的异形陶瓷器皿；另一类则用于盘、碗、瓶、盏等常用器。其成型工艺推测如下："先经辘轳基本成型，然后覆转，以内模承托，进一步调整外形。也就是说，内模是用来修整辘轳成型之后的坯体，其意义在于'调整'，用来生产造型单纯的碗类器物以达到严密的规格统一，即目的在于规范化生产。"[1] 以内模承托，在进一步调整外形的同时还能修薄胎壁，使瓷器施厚釉后看上去不显得笨重。

　　南宋官窑两处窑址出土物中，除了鼎、鬲、尊、簋等，还有大量的碗、盘、盏、瓶等日用器皿。对这类瓷器作何理解，事关南宋官窑建立的目的与功用问题。《宋会要辑稿·礼一二》引《中兴礼书》载，淳熙六年（1179 年）正月六日，臣僚上言："今太庙、景灵宫皆宗庙也，唯太庙用祭器，至景灵宫朝献，则用瓶、盏、盘、盂之属，皆燕器也。人臣家庙何独不可？"燕器，指古代行燕礼时所用的食器或日常生活用品。《礼记·王制》云："大夫祭器不假。祭器未成，不造燕器。"可知在礼制中祭器较燕器重要得多，两者不可混为一谈。与祭器的制作需以三代礼器为祖型不同，盘、盏之类的燕器样式并无苛刻要求，燕器有时也会被当作祭器使用，而燕器作为日常的食器和陈设用瓷在宫廷中使用也是完全可能的。

　　相较于南宋建都临安 140 余年的历史而言，南宋官窑两处遗址的出土物总量并不算大。而在临安城考古及城市建设中，除中河南段南宋太庙边缘、卷烟厂及金钗袋巷建兰中学等几处工地有数量较多的集中出土外，南宋官窑标本较少发现，即便有也仅为零星出土。此外，目前墓葬出土中能够确认为南宋官窑器的仅一例，即河北定兴县张弘范墓中出土的一件青瓷弦纹长颈瓶（彩图六：22），现藏于定兴县文物保护管理所。张弘范（1238~1280 年），字仲畴，"身为将种，而能博览经史，练达古今，喜与士大夫交游"。

[1]（日）小林仁：《"澄泥为范"说汝窑》，《故宫博物院院刊》2010 年第 5 期。

为灭宋战争的参与者，曾受封镇国上将军、蒙古汉军都元帅。亡故后葬于河北定兴县，被追封忠效节翊运功臣、太师、开府仪同三司、上柱国、齐国公，后又加保大功臣并加封淮阳王。由此推测元朝统治阶级曾将官窑瓷器作为高等级的战利品。

故笔者认为，南宋官窑重建的主要目的在于生产礼器，且有需求才烧，而非连续性烧造，加上其烧制工艺复杂，故总量不大。南宋中后期，在对礼器的生产没有早期需求那么迫切的情况下，南宋官窑也承担了部分宫廷日用瓷的生产，但总体而言，南宋宫廷日常用瓷的主流仍为越窑、定窑、建窑、景德镇窑、龙泉窑等产品，这已被临安城的出土资料所证明。

总而言之，南宋官窑青瓷的色与形将宋代青瓷推向了顶峰。两宋时因推崇儒家文化而产生的特有的审美观，首开陶瓷作为祭祀用瓷的先例，从这一意义上讲，南宋官窑在中国陶瓷发展历史上具有非常独特而重要的地位（基于北宋官窑尚未发现）。800年前，南宋官窑的窑工们在垫饼上刻下的"大宋国物"四字，其实已经昭示了其产品的特殊功用。除礼器外，南宋官窑产品中亦有为数不少的形制采用莲、菱、葵、牡丹等花式，以及模仿自然界动植物样式的产品，这显然是对唐五代造型源流的沿袭和进一步强化，以适合宋代理学的趣味。当然，这与南宋重视文化，文人士大夫积极参政议政、有很大的发言权也有一定关系。

南宋官窑虽为宋室南渡后承袭北宋制度的重建，产品严格按照宫廷设计样式制作，以简约流畅的造型和滋润如玉的质感为目标，但由于南北两地制瓷条件有别，从工艺技术的角度而言，南宋官窑产品是自成体系的。作为特供皇室的特殊产品，南宋官窑青瓷与同时代的政治制度和民族审美紧密相连，制瓷匠师们经过不断探索实践，做出了我们至今都在感佩的作品，只不过后来青花出现并成为替代品，青瓷成为唐宋文化慢慢式微的一个缩影。

附记：杭州藏家胡云法、胡志华、孙海芳、范财富、朱旭东、卢彰麟、张杰、林海波、方肖鸣等为本文撰写提供了标本支持，青年陶艺家叶克伟、邵建军一直致力于青瓷传统工艺的研究与复刻，他们对文中涉及的烧制工艺探讨亦有帮助，在此谨表谢忱！

北宋吕氏家族墓及随葬品的若干问题

王小蒙　于春雷

（陕西省考古研究院）

　　吕氏家族墓位于陕西省蓝田县城西北 2.5 千米的五里头村，发现 29 座墓葬及吕氏家庙一处，出土的墓志或铭文石磬、石敦等，明确了这批墓葬的墓主是北宋历史上著名的政治家、经学家、金石学家吕大临的家族墓。《蓝田吕氏家族墓园》对吕氏墓园的选址布局、墓葬形制和随葬品等做了全面细致的描述、考证和研究。但由于这批墓葬信息量庞大，除上述研究外，在墓葬形制和随葬品分析方面仍有可耙梳之处，本文试对之做一探讨。

一、吕氏家族墓墓葬形制及分期

　　据墓志记载，吕氏家族墓园于北宋嘉祐六年（1061 年）初设于蓝田县骊山西园，熙宁六年（1073 年）迁于蓝田县太尉塬，即现址的五里头村[1]。如以墓志记载的最后一位墓主入葬的 1117 年计，墓地延续了 40 余年，这一时段大致是从仁宗末年到徽宗末年。按照宋史学界对北宋历史的分期，其跨越了北宋中期（仁宗—神宗）到晚期（哲宗—钦宗）两个时段。如果仔细梳理吕氏家族墓墓葬形制和随葬品，可看出其中明显的变化是在 1090 年前后，也就是哲宗中前期，与宋史的分期基本相合。按照这一规律，将吕氏家族墓分为前后两期。

　　属于前期的墓葬如表一所示，7 座墓中，4 座属于迁葬，3 座为初葬。特点如下：

　　1）其形制均属于报告中的 A 型单室墓，即竖穴墓道，一端掏洞为室。可分为双人合葬和单人葬两种，双人合葬者也系同室合葬。

　　2）墓室后壁皆设龛，墓志或平放或立置于壁龛内。

　　3）随葬品相对较少，在数件至 20 件之间，包括瓷器在内的器皿类多在数件。随葬品以盘口梅瓶为中心，几乎每座墓都有梅瓶，其组合为盘口梅瓶、罐、盘、盏（茶盏或酒盏）和盏托、盒等。梅瓶和罐位置相对固定，多置于人头部与壁龛之间。这种以梅瓶

---

［1］陕西省考古研究院等：《蓝田吕氏家族墓园》，文物出版社，2018 年。

表一　前期墓葬

墓号	墓主	卒年	入（迁）葬时间	形制	随葬品
M8	吕通夫妇	吕通 1002 年卒，张氏 1038 年卒	1061 年迁骊山西塬，1074 年迁太尉塬	单室	7 件（组）
M16	吕大章	1067 年卒	1074 年迁太尉塬	单室	8 件（组）
M14	吕大受	1062 年卒	1069 年葬骊山西塬，1074 年迁太尉塬	单室	13 件（组）
M17	吕蕡夫妇	吕蕡 1074 年卒，方氏 1045 年卒	1074 年合葬太尉塬	单室	24 件（组）
M28	吕大观	1072 年卒	1074 年迁太尉塬	单室	14 件（组）
M15	吕氏庶母马氏	1075 年卒	1075 年葬太尉塬	单室	21 件（组）
M24	吕麟	1085 年卒	1085 年葬太尉塬	单室	21 件（组）

注：表格内数据参照《蓝田吕氏家族墓园》。

为中心的随葬品组合与关中地区其他宋墓几无二致。

属于后期的成人墓如表二所示。其特点如下：

1）墓葬形制仍为竖穴土洞墓，有单人葬和合葬墓之分。单人葬皆为单室墓，形制如前期，但出现了后壁无小龛的形制。

2）合葬墓除前期的同室合葬外，多见同穴异室的双室或三室合葬墓，各墓室多非同一时间完成，有二次甚至三次葬入的痕迹。各室皆以生土矮墙隔开。二室或三室，有左右并列的，有前后相随的。

表二　后期墓葬

墓号	墓主	卒（初葬）年	入（合）葬太尉塬时间	形制	随葬品
M9	吕英夫妇	吕英 1050 年卒，1061 年葬骊山西塬，1074 年迁太尉塬；王氏 1093 年卒	1093 年	单室双棺墓	25 件（组）
M2	吕大临夫妇及妾	吕大临 1093 年卒	1093 年	三室	123 件（组）
M3	吕大防	1097 年卒		单室	无
M20	吕大忠、妻姚氏、继妻樊氏	吕大忠 1100 年卒，姚氏 1045 年卒，樊氏 1095 年卒	三人合葬于 1100 年	三室	56 件（组）
M26	吕义山夫妇	吕义山 1102 年卒	1102 年	双室	73 件（组）
M5	吕省山夫人		1110 年	单室	15 件（组）
M1	吕大雅夫妇	吕大雅 1109 年卒，贾氏 1082 年卒	1110 年	二室	33 件（组）
M7	吕倩蓉	1107 年卒	1108 年	单室	36 件（组）

续表二

墓号	墓主	卒（初葬）年	入（合）葬太尉塬时间	形制	随葬品
M25	吕锡山、妻侯氏、继妻齐氏	侯氏 1103 年卒，齐氏 1109 年卒	1110 年	三室	57 件（组）
M29	吕至山夫妇	吕至山 1111 年卒	1111 年	单室双棺	不明
M4	吕景山夫妇	吕景山 1111 年卒	1111 年	双室	43 件（组）
M22	吕大钧、妻马氏、继妻种氏	吕大钧 1082 年卒，马氏 1055 年卒，种氏 1112 年卒	1112 年	并列三室	63 件（组）
M12	吕大圭夫妇	吕大圭 1116 年卒，张氏 1073 年卒	1117 年	单室双棺	69 件（组）
M6	吕仲山夫人			单室	43 件（组）

注：表格内数据参照《蓝田吕氏家族墓园》。

3）双室的墓有的保留墓室后壁附小龛的形制，也出现了无后龛之形制。有后龛的墓，墓志多置于龛中。无后龛者，墓志多置于封门内的墓室前部，平放或立放；也有置放于墓室其他位置的。

4）M9 为同室合葬，比较特殊的是在墓道上有三个小龛，分别置放墓志和先期葬入者的随葬品。

5）后期墓葬随葬品普遍增多，大多在 30 件以上（吕大防墓为空墓除外），以 40~60 件的最多，随葬品最多的 M2（吕大临墓）达 123 件，其中瓷器 44 件。在一些墓中（如 M2）除瓷质的餐茶酒及盛放用具外，还同时有石质、陶质用具。与同期关中地区其他宋墓相比，随葬品质量、数量都遥遥领先。

二、吕氏家族墓墓葬形制与本地区其他宋代墓葬的比较

（一）西安地区宋代土洞墓与吕氏家族墓形制比较

北方地区宋代墓葬中比较常见的是仿木结构砖雕墓、壁画墓，这类墓葬以山西、河南、河北和陕西西部及北部多见，源于中晚唐流行于河朔地区的仿木构砖室墓。土洞墓主要分布于西安和其周边地区以及关中东部地区。因形制相对简单，随葬品少，可提取的信息有限，多不被重视，见诸报道的很少，但仍有几座重要的纪年墓资料。（表三）

表三所示的几组墓葬，除西安郊区孟村和湖滨花园墓外都有纪年，且时代属于北宋早中期。几座纪年墓均为竖穴墓道洞室墓，皆单室，或单人葬或合葬；墓室以后壁开龛为多，龛内置放墓志；随葬品数件到 20 余件不等，以梅瓶为中心，梅瓶多置于墓志附近。以上特征与吕氏家族墓前期墓以及后期前段墓相同。

表三　北方地区宋代纪年墓

名称	年代	土洞墓形制	墓志位置	随葬品	资料来源
吕远墓	964 年	竖穴土洞墓	不详	1~2 件，铜钱 25 枚	《中国考古学年鉴》
铜川纪年墓	988 年	竖穴土洞，墓室两侧和后壁开小龛	出土于小龛中	盘口梅瓶等数件	资料未发表
李保枢墓 M1	1019 年合葬	竖穴墓道，梯形墓室，墓室两侧壁各开对称的小龛	出土于墓室前部	12 件，铜钱 50 余枚	《西安长安区郭杜镇清理的三座宋代李唐王朝后裔家族墓》，《文物》2008 年 第 6 期
李寿墓 M2	1029 年	台阶状斜坡墓道，一过洞，一天井，平面梯形墓室，四壁开小龛	出土于小龛	23 件，铜钱 200 余枚	《西安长安区郭杜镇清理的三座宋代李唐王朝后裔家族墓》，《文物》2008 年 第 6 期
淳于广墓	1034 年	竖穴墓道，梯形墓室，墓室后壁开龛，龛前放置梅瓶等	出土于后龛	20 余件，铜钱 700 余枚	《西安西郊热电厂基建工地清理三座宋墓》，《考古与文物》1992 年第 5 期
范天祐墓	1075 年	竖穴墓道，长方形墓室，墓室后壁开龛，龛前放置梅瓶等	出土于后龛	20 余件，包括梅瓶 3 件，台盏 4 组及铜镜砚台、漆器等	《西安北宋范天祐墓发掘简报》，《中国国家博物馆馆刊》2017 年 第 6 期
李景夫人墓 M3	1086 年	竖穴墓道，墓室后壁开小龛	出土于后壁小龛	6 件，铜钱近 200 枚	《西安长安区郭杜镇清理的三座宋代李唐王朝后裔家族墓》，《文物》2008 年 第 6 期

续表三

名称	年代	土洞墓形制	墓志位置	随葬品	资料来源
西安孟村宋墓（9座）	北宋至金	竖穴墓道，墓底部一侧掏挖成洞室，无小龛		各墓1~2件，数枚至十几枚铜钱	《西安南郊孟村宋金墓发掘简报》，《考古与文物》2010年第5期
西安湖滨花园宋墓（7座）	北宋	竖穴墓道，墓底部一侧掏挖成洞室，无小龛		各墓1~2件，十几枚铜钱	《西安市湖滨花园小区宋明清墓发掘简报》，《考古与文物》2003年第5期

与同期仿木构砖雕墓和壁画墓相比，北宋土洞墓的形制和装饰都比较简单，故一度被认为是当时社会中下等阶层所使用的简陋的墓葬形制。吕氏家族墓及西安周边一些有纪年的宋代土洞墓的发现，说明情况并非如此。此种类型是唐五代以来这一区域传统的墓葬形制和习俗的延续。

晚唐以后，两京地区墓葬形制发生了显著变化：长斜坡墓道急剧减少，竖井墓道洞室墓成为最多见的形制，等级较高的贵族墓也采用竖穴墓道土洞式墓的形制，墓室从方形变为纵长方形或梯形。[1]与十二生肖俑随葬相适应，墓室内出现了相应的壁龛以置放生肖俑，如875年曹氏墓（插图一）。[2]有的墓室面积有限，壁龛连续排列于墓室前的甬道或墓道两壁上。

从1019年李保枢墓和1029年李寿墓的墓道形制、墓室壁龛中都可找到长安晚

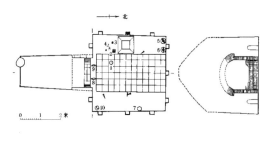

插图一　875年曹氏墓

[1] 李雨生：《北方地区中晚唐墓葬研究》，北京大学博士学位论文，2013年。
[2] 王自力：《西安唐代曹氏墓及出土的狮形香熏》，《文物》2002年第12期。

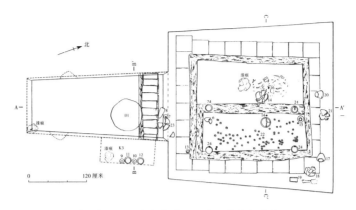

插图二　吕氏家族墓 M9（吕英夫妇墓）

唐墓形制特征的影子。吕氏家族墓 M9 在墓道前部两壁上各开一龛放置墓志，墓道后部
一侧下部亦开龛置放梅瓶等随葬品，也是晚唐墓葬形制的孑遗。（插图二）

　　李保枢家族墓中的李景夫人墓 M3 和 1034 年的淳于广墓、1075 年的范天祐墓，形
制均为竖穴墓道，墓室略呈长方形，墓室后壁开龛，是多壁龛墓葬的发展形制。吕氏家
族墓前期墓葬皆为此形制，后期墓葬中也有少量存在。可见这种形制是北宋中期的流行
样式。

　　迄今为止，除吕氏家族墓外尚未发现其他北宋晚期土洞式纪年墓，故吕氏家族墓后
期的纪年墓形制恰好补上了这一缺环。吕氏家族墓后期的双室或三室土洞式墓是北宋晚
期西安地区土洞墓较复杂（或高级）的形制，单人葬的土洞墓则出现了不见墓室后部壁
龛的竖穴墓道和长方形墓室的形制。西安南郊孟村以及西安湖滨花园小区的北宋土洞墓
亦为此形制。在西安南郊孟村墓群中，这种形制从北宋延续到金代初年，说明是北宋晚
期到金初西安地区土洞墓的一般形制。

　　（二）吕氏家族墓体现的"士人"之礼

　　作为士人阶层、经学世家的吕氏家族，吕锡山夫人侯氏"言动一循于礼"，吕大忠
继室樊夫人墓志记载 "吕氏世学礼，宾、祭、婚、丧莫不仿古"[1]。从上述墓葬形制
分析可见，吕氏家族的墓葬形制承袭了西安地区晚唐以来竖穴洞室墓的传统，与本地区
其他北宋墓葬形制没有大的区别。那么，吕氏家族是如何在墓葬制度上体现其尊礼仿古
的家族准则呢？

　　吕氏家族墓地布局规范、长幼有序，一如报告所叙，且与司马光家族墓园布局有类

────────────
［1］陕西省考古研究院等：《蓝田吕氏家族墓园》卷三，M25 吕锡山夫人侯氏墓志和 M20 吕大忠墓志，
　　文物出版社，2018 年，第 663、758 页。

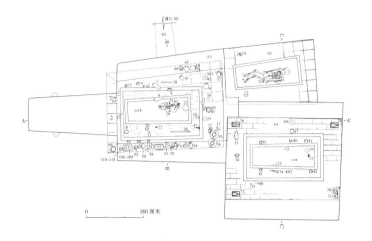

插图三　吕氏家族墓 M2（吕大临墓）

同之处，无疑是昭穆秩序之体现。夫妻合葬墓中，夫与妻妾墓位严格排列，夫位或居中或居前，妻居西，继妻或妾居东，尊卑位次分明清晰，是吕氏丧葬礼制的体现 。[1]

　　具体到墓葬形制上，北宋士人也有周全的考量。《司马氏书仪》卷七《丧仪》"穿圹"曰："葬有二法，有穿地直下圹，置柩，以土实之者，有先凿埏道，旁穿土室，揬柩于其中者，临时从宜"，后又注曰"然则古者乃天子得为隧道，自余皆悬棺而窆，今民间往往为隧道，非礼也，宜悬棺以窆"，又曰"凡旁穿之圹，不宜宽大，宽大则崩破尤速"，"穿地狭则役者易上下，但且容下柩则可矣，深则盗难近"。

　　司马氏将墓葬分为竖穴墓与斜坡墓道洞室墓两大类，后者为天子之制，前者悬棺而葬符合古礼，且从墓葬的坚固和防盗等方面出发，认为墓室应狭小和深。吕大临《东见录》评程颢《葬说》，认为竖穴墓墓内积土直接压于棺椁，墓坑低沉容易进水，易使墓葬崩坏，所以"葬，须坎室为安"，即应掏洞室方能保坚固平安。

　　考据吕氏家族深藏的竖穴墓道洞室墓的形制，既有"悬棺以窆"的程序，又满足了"坎室为安"的防盗和长固久安的需求。吕大临本人的墓葬在竖穴墓道的一端有三层墓室，上部两层皆为防盗的假墓室，最下层的真墓室深 15 米，且墓室地面比墓道底面还要低 2.5米（插图三）。棺木入葬时要先从竖穴墓道悬棺而下，到达墓道底部后还须再次悬棺而下到洞室底部，两次"悬棺而窆"的形制，不知是吕大临生前所嘱，还是其家族顺其愿望所设计。

　　综上所述，吕氏家族墓葬形制既入乡随俗，因袭传统，讲求坚固防盗，又刻意在细节上遵循了儒家丧葬的理念。

---

[1]陕西省考古研究院等：《蓝田吕氏家族墓园》，文物出版社，2018 年。

三、吕氏家族墓随葬品中的梅瓶

从吕氏家族墓前后两期随葬品的组合和数量看，以梅瓶为中心的组合始终未变，且前期梅瓶往往置放于墓志附近，后期则部分置于墓门内，[1]位置相对固定，说明其有特殊的祭奠意义。吕氏家族墓出土梅瓶有茶叶末釉、黑釉和青釉，皆为耀州窑产。按口沿形制可分为三型：

A 型　盘口瓶，浅盘形口。吕氏家族墓出土浅盘口梅瓶的为 M8、M14、M15、M16、M17（彩图七：1）、M24[2]，均为前期墓葬。西安地区 1019 年李保枢家族墓[3]（插图四）、1034 年淳于广墓[4]、1075 年范天祐墓[5]（插图五）和铜川地区 988 年北宋纪年墓[6]都出土了盘口梅瓶，说明盘口梅瓶不只是北宋中期流行的形制，甚至可追溯到北宋早期。吕氏家族墓后期墓葬中梅瓶不见盘口形制[7]。

B 型　圆唇口瓶，圆凸唇，小直口或微敞口。这类瓶出土于吕氏家族墓 M28、M9、M1（插图六；彩图七：2、3），其中 M28 属于前期葬墓，M9 和 M1 皆为合葬墓，M9 最后葬入时间为 1093 年，M1 吕大雅夫妇墓中夫人于 1093 年入葬，两件小口瓶均出

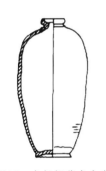

插图四　李保枢墓出土盘口梅瓶

插图五　范天祐墓出土盘口梅瓶

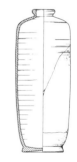

插图六　吕氏家族墓 M9 出土圆唇口梅瓶（M9：7）

---

［1］吕氏家族墓前期墓葬中梅瓶皆置于墓室后龛的墓志前，后期墓葬中有置于墓志附近的，也有置于墓室封门内的。

［2］陕西省考古研究院等：《蓝田吕氏家族墓园》，文物出版社，2018 年。

［3］西安市文物保护考古研究院：《西安长安区郭杜镇清理的三座宋代李唐王朝后裔家族墓》，《文物》2008 年第 6 期。

［4］西安市文物保护考古研究院：《西安西郊热电厂基建工地清理三座宋墓》，《考古与文物》1992 年第 5 期。

［5］西安市文物保护考古研究院：《西安北宋范天祐墓发掘简报》，《中国国家博物馆馆刊》2017 年第 6 期。

［6］资料未发表，此瓶盘口口径较其他瓶更大。

［7］吕氏家族墓 M9、M12 出土的盘口梅瓶系合葬墓中先入葬者的随葬品，此见后文详述。

插图七　李寿墓出土的盘口梅瓶与圆唇口梅瓶

土于夫人墓中，即为 1093 年葬入。圆唇口的梅瓶还见于 1029 年李寿墓[1]，且李寿墓同时出土有盘口梅瓶（插图七）。由此可见，圆唇口梅瓶主要流行时间为北宋中期，延续到北宋晚期偏早。

C 型　平沿口瓶，小直口，宽平沿。也有称之为盘口，但瓶口内无内凹的浅盘，故在此予以区分。出土平沿口梅瓶的墓葬有 M2、M4、M5、M6、M12、M26（彩图七：4~7），这几座墓按最后入葬的年代看都属于吕氏家族墓后期墓葬。有黑釉、茶叶末釉，并出现了青釉素面或青釉刻花瓶，皆为耀州窑产。

上海博物馆和耀州窑博物馆各藏有一件耀州窑青釉刻花梅瓶（彩图七：8、9），时代为宋末至金初。[2] 1105 年的梁全本墓出土一件平沿口、椭圆腹的黑釉梅瓶（彩图七：10），虽然非耀州窑产，造型不同，但口沿形制完全相同。[3] 吕氏家族墓 M2、M26 等还出土了耀州窑酱釉半截梅瓶 / 尊（彩图七：11）和青釉刻花鼓腹梅瓶 / 嘟噜瓶（彩图七：12），其平沿口形制与 C 型梅瓶完全相同，只束颈略长，为北宋晚期的又一种样式。

上述三种造型的梅瓶，盘口梅瓶流行于北宋早期和中期；圆唇口梅瓶见于北宋中期，但数量不多，延续至北宋晚期前段，与北宋晚期流行的平沿口梅瓶并存一段时间后逐渐被平沿口梅瓶取代；平沿口梅瓶是北宋晚期最流行的样式，延续至金代。梳理了三种不同造型的梅瓶及其流行年代，即可顺此线索检出吕氏家族合葬墓中较早入葬一方带入的随葬品。

M9 为吕英与夫人合葬墓。吕英卒于 1050 年，1061 年葬骊山西塬，1074 年迁太尉塬，夫人卒于 1093 年。M9 墓葬形制特殊，在墓道内有三个壁龛，除了墓道北部两壁对称壁龛各置放一墓志外，在墓道南部另外开一龛 K3 置放茶叶末釉盘口梅瓶 M9：9（彩图八：1）、M9：10 和黑釉双耳罐 M9：11（彩图八：2）、M9：12。其中茶叶末釉盘口梅瓶盘口大而显著，甚至比吕氏家族墓前期墓葬出土的盘口瓶盘口更大且略深；[4] 黑釉双耳罐与 M28 出土黑釉双耳罐形制相近。M9 墓室封门内还出土两件圆唇口梅瓶。

［1］西安市文物保护考古研究院：《西安长安区郭杜镇清理的三座宋代李唐王朝后裔家族墓》，《文物》2008 年第 6 期。

［2］北京艺术博物馆：《中国耀州窑》，中国华侨出版社，2014 年。

［3］罗火丽、张丽芳：《宋代梁全本墓》，《中原文物》2007 年第 5 期。

［4］988 年铜川宋墓盘口梅瓶口径是迄今所见最大的一件，M9 出土盘口梅瓶较之小一点。

K3 内的遗物与墓室内的遗物显然为两套不同时期的随葬品，K3 内的遗物应为吕英墓早年随葬品，而封门内的圆凸唇梅瓶是 1093 年入葬的吕英夫人随葬品。

M12 为吕大圭夫妇墓，夫人 1074 年葬，吕大圭 1117 年葬时两人合葬。M12 亦出土两种梅瓶，一种为盘口形，一种为平沿口，后者置于墓室后龛吕大圭墓志上，无疑是吕大圭随葬品。盘口梅瓶（彩图八：3）置于墓室西南角，除葬俗用品外，同置于此处的器皿有白釉台盏 M12：56（彩图八：4）和黑釉带盖罐 M12：51（彩图八：5）、M12：52。白釉台盏造型与吕氏家族墓早期墓葬 M17、M16 出土的同类器（彩图八：6、7）完全相同。1075 年范天祐墓出土了四套台盏，造型与 M17 出土的基本相同。[1] 盘口梅瓶造型与前期各墓出土的一致。可见 M12 的盘口梅瓶以及六曲弧腹的盏和台形盏托属于较早的吕大圭夫人墓原来的随葬品，为北宋中期产品。黑釉带盖瓜棱罐，直口深腹，胎壁薄，与吕氏家族墓晚期墓葬 M25 出土的罐造型差异较大（彩图八：8、9），后者腹为球形且颈部上小下大，都是较晚时代的形制特点。结合出土地点等因素判断，M12 出土的瓜棱罐应同为早年吕大圭夫人墓的随葬品。

M22 为吕大钧与妻马氏（1082 年附葬吕大钧）、继妻种氏（1112 年卒）合葬墓。出土瓷器 33 件，其中出土于两室隔梁北端的茶叶末釉梅瓶 M22：11（彩图八：10）、酱釉罐（彩图八：11）及彩绘陶大罐位于疑为吕大钧墓志的北侧。茶叶末釉梅瓶口部虽残，但其腹深且细长的造型与盘口梅瓶或圆唇口梅瓶近似，与平沿口梅瓶差别较大。酱釉罐直颈、深腹且底径大的形制也为偏早的形态。这两件瓷器与彩绘陶大罐（报告认为可能为吕大钧骨灰储藏器）时代最晚为北宋中期。

M20 为吕大忠夫妇合葬墓。据墓志记载，吕大忠妻姚氏 1045 年卒，始葬地不详，1096 年迁太尉塬（西后室）；继妻樊氏 1095 年卒，1096 年葬太尉塬（东后室）；吕大忠 1100 年入葬。则姚氏墓室中的遗物可能为迁葬时带来，时代较早，但姚氏墓志载："吕公为宝文阁直学士，葬其继室樊氏，因易夫人棺椁衣衾同祔先茔"，则姚氏墓内随葬品或为葬樊氏时重新配置。从姚氏墓室出土器物的造型等观察，大多不能到 1045 年前后，但在此墓前室扰土中出土一件大双耳罐（彩图八：12），造型与 M8、M9 出土同类物（彩图八：13）近似，应为早年姚氏的随葬品。

四、吕氏家族墓随葬品的组合及礼制体现

《蓝田吕氏家族墓园》对随葬品的功能和在墓葬中的组合进行了详细考证归纳，认为"从早期由酒瓶、肉罐、饭碗组成的随葬物主题一直被沿用至末期"，"在坚持主题

---

[1] 西安市文物保护考古研究院：《西安北宋范天祐墓发掘简报》，《中国国家博物馆馆刊》2017 年第 6 期。

之下，从早至晚随葬品数量、种类、涉及之生活内容越加丰富多彩"。

报告中将吕氏家族墓随葬品分为四大类，一是酒瓶、肉罐、饭碗组成的随葬品主题及细化的各类用品；二是附加于主题的文房用具、妆具；三是仿古铭文石礼器和古代青铜器；四是和佛道及乡土民俗相关的铜镜、铁犁、剪等随葬品。如果进一步按照功能归纳，则上述四大类随葬品中第一类和第三类可以合并，一是祭奠供奉的用品和用具，二是随身或装身用品，三是佛道乡俗相关用品。

第一类器物为盛放供奉品的容器，第三类器物系祭奠供奉的礼器。吕大雅墓出土石磬铭文"敢以清酌庶羞之奠，恭祭于从父致政承务郎府君"，盛放着"清酌庶羞"的第一类器物就陈于墓室两侧。又如 M25 东墓室二层台上放有 6 个黑釉罐，墓志小龛前也摆放釉陶鼎、釜等器。再如几乎每墓皆有的梅瓶，配以酒盏（M17、M16）。仿古铭文石礼器中有的也应陈放有供奉品。M25 二层台后部摆放有石釜和釉陶鼎，或许原本用于盛放供奉食物。除陈放酒"清酌庶羞"的容器外，还随葬有享用这些美味时需要的器皿，如 M12 出土的成摞叠放的碗、盘、碟。

除"清酌庶羞"的供奉外，吕氏家族墓随葬品中还有花瓶。如出自吕氏家族墓地、陕西历史博物馆藏青釉花口高领瓶即为花瓶（彩图八：14）。也有认为吕氏家族墓出土的矮梅瓶、半截梅瓶是作为花瓶使用的。[1] 也就是说，除茶酒庶羞供奉外，吕氏家族墓中还存在香花供奉。可见祭奠和供奉是吕氏家族墓随葬品的主题，以古礼器和仿古礼器随葬则反映了吕氏家族遵循儒家礼教的丧葬之俗。总之，经学、金石学世家的吕氏家族，其墓葬形制和随葬器物组合，在入乡随俗、因袭地方传统的前提下，时时体现出循礼仿古的细节特征。

---

[1] 秦大树、袁泉：《宋元花瓶的形态、组合与文化功能探析》，北京大学考古文博学院、泰华古轩《闲事与雅器》，文物出版社，2019 年。

蒲津渡与蒲州故城遗址 H20 出土瓷器窑口分析

——浅论蒲津渡与蒲州故城在宋金晋、陕诸窑瓷器流通中的区位优势

贾　尧　王晓毅

（山西省考古研究所）

蒲津渡与蒲州故城遗址（插图一）位于山西省永济市西约 15 千米的蒲州镇境内，南依中条山，西临黄河，地处晋、陕、豫三省交汇处，是连接晋、陕的交通要津，是关中通往东方的重要通道之一，也是河东、河北陆道西入关中的第一锁钥。2013 年，为了寻找唐城，山西省考古研究所在故城东城城内东南部进行小面积发掘，

插图一　蒲津渡与蒲州故城遗址

发现唐五代及宋金时期的文化堆积，出土数量丰富的陶、瓷器等各类遗物。本文通过比对 TG162202H20 内出土瓷器的窑口，探讨蒲津渡与蒲州故城遗址在宋金时期南北瓷器产品的流通，特别是晋、陕诸窑口瓷器产品的流通方面所发挥的独特区位优势。

一、TG162202H20 堆积概况

H20 位于 TG162202 西南部，⑤层下开口。平面呈半圆形，深 1.5~1.7 米（插图一二）。坑内为深灰色填土，土质疏松，夹杂大量碎瓦块、少量石块，出土较多瓷片、陶片，少量动物骨骼和铜钱。其中出土瓷片共 1159 片，可复原瓷器 29 件，为出土宋金瓷器数量最丰富的堆积单位。以青瓷、粗白瓷和细白瓷为主，少量黑、酱釉瓷及三彩釉陶。器类有碗、钵、盏、碟、器盖等。结合开口层位及出土遗物，判断其时代为金。

插图二　TG162202H20 平面照

二、出土瓷器窑口比对

（一）耀州窑

出土青瓷数量丰富，多为典型的宋金耀州窑产品，以口沿及腹壁残片为主，复原器少。可辨器类有盘、五足炉、钵等。

青釉印花牡丹纹盘 H20：23（彩图九：1），可复原。敞口，细平沿，尖唇，斜腹中部微曲，细圈足外撇。灰胎质细。通体施姜黄色釉，内底有涩圈，足跟刮釉露胎。釉层薄，釉面有细开片。内壁饰印花牡丹纹。口径 15.1、圈足径 5.2、高 3.8 厘米。为典型的金代耀州窑产品。

青釉刻花牡丹纹盘 H20：41（彩图九：2），口沿及腹部残片。敞口，圆唇，斜腹较浅，近底部斜折内收。灰胎，质细且薄。内外均施釉，釉色青绿，玻璃质感强。外口沿处饰一圈刻划弦纹，内壁饰刻花牡丹纹。口径 22、残高 3.8 厘米。

青釉五足炉 H20：38（彩图九：3），口沿及腹底残缺。口微敛，斜沿，浅筒腹，腹上部粘五足。黄白胎，胎质较粗，胎体可见大量气孔。内腹及腹底露胎，余处施釉，釉色褐黄。釉面粘较多落渣。口径 4、残高 3.2 厘米。

青釉钵 H20：42（彩图九：4），口沿及腹部残片。侈口，圆唇，短束颈，鼓腹。灰白胎，胎质细腻。内外壁均施釉，釉色青绿，釉面光滑细腻，玻璃质感强。外壁饰刻划弦纹和仿柳条编的同心圆纹。口径 8、残高 4 厘米。

青釉器底 H20：44（彩图九：5），细圈足。灰白胎，胎质细腻。内外均施釉，仅圈足底露胎，釉色青绿泛黄，釉面有大量小气泡。内底印花缠枝菊纹。

（二）河津窑

H20 内部分细白瓷、粗白瓷产品与河津固镇窑址同类产品造型及装饰风格相同，应为河津固镇窑址产品，器类有枕、器盖、碟和盏。

细白瓷器盖 H20：2（彩图九：6），完整。盖面浅凹，宽平沿斜弧，平底微内凹。黄褐胎，仅盖面及边沿局部抹釉，白釉泛青。沿径 3.3、底径 1.6、高 0.8 厘米。此类器盖共发现 5 件。在河津固镇窑址北宋时期的三号作坊及金代四号作坊内均发现有同类器物（彩图九：7），尺寸在 3.3~3.8 厘米，但未发现与之匹配的小口径器物，具体用途有待考证。

细白瓷碟 H20：10（彩图九：8），可复原。敞口，浅腹内曲，平底，内底心凹。黄白胎，质细。内施满釉，外施釉至腹底部，釉色泛青灰。内底残存两个圆形支钉痕。此类瓷碟与固镇窑址北宋时期的细白瓷碟（彩图九：9）形制相近，以三叉支钉间隔叠烧。金代固镇窑址的细白瓷碟均放置在叠摞的盘、盏类器物顶部烧制，一件匣钵内一般放 6 件盘或盏以及 1 件瓷碟。

细白瓷器盖 H20：142（彩图九：10），可复原。子口微内敛，宽沿下斜，缓弧顶，近顶部略平，顶心贴塑实心纽。细白胎。盖面罩釉，釉色白中泛黄，釉面有细开片。盖径 10、通高 2 厘米。与金代固镇窑址 J1 内出土的细白瓷器盖形制相近。

细白瓷盏 H20：180（彩图九：11），可复原。敞口，尖唇，唇缘斜削，腹壁斜直，细圈足。白胎质细。内施满釉，外施釉至足外墙，白釉泛灰。内底残存两个支钉痕，胎体显见轮制线痕。口径 13.6、圈足径 4、高 3.8 厘米。与固镇窑址北宋时期细白瓷盏（彩图九：12）形制相近，唇缘斜削，腹壁斜直，三叉支钉间隔叠烧。

粗白瓷钵 H20：7（彩图一〇：1），可复原。口近直，芒口，厚凸唇，圆弧腹，矮圈足，足径大。褐胎，质较粗。内施满釉，外施釉至上腹部，釉下施白化妆土，釉色泛青。内壁可见套烧痕。与固镇窑址四号作坊内出土的黑釉钵 F4 ①：22（彩图一〇：2）造型相近，均为芒口，采用以大套小的对口套烧法烧制。

白釉酱彩瓷碗 H20：124（彩图一〇：3），口沿残片。侈口，圆唇。土黄色胎，胎质略粗。内施满釉，外施釉至口沿下，釉下施白色化妆土，白釉泛黄。内壁绘酱彩草叶纹。此类花草叶纹是金代固镇窑址最具特色的装饰题材，普遍用于枕、罐、碗、盘和器盖等器物表面，多呈黑褐色或赭色。草叶纹最下面两叶及顶尖一叶呈弧曲的圆头形，其余均为尖头，特色鲜明。[1] 与金代固镇窑址瓷碗 J1 ④：78（彩图一〇：4）装饰、造型均相同。

珍珠地划花圆形枕 H20：129（彩图一〇：5），枕面残片。土黄色胎，质略粗，胎体可见大量颗粒物及气孔。枕面施化妆土罩透明釉，勾划牡丹花叶，珍珠地填饰，珠圈径约 4 毫米。H20：131（彩图一〇：6），枕面残片。胎色分层，中心呈灰色，两侧呈砖红色，质略粗。釉色白中泛黄。随形划双线边框，内勾划牡丹花纹，地戳珠圈，圈径约 2.5 毫米。此类瓷枕属典型的金代固镇窑址珍珠地划花扁圆形枕（彩图一〇：7），枕面阴勾双线边框，内勾划主题纹饰，珠圈多不着色粉，纹样题材以牡丹花叶为主，枕面主题纹饰前侧多呈半月形或壶门形开光留白。在相邻的 TG148202H7 内也出土有类似的河津固镇窑址珍珠地划花圆形枕枕面残片。[2]

---

［1］山西省考古研究所、河津市文物局：《山西河津市固镇瓷窑址金代四号作坊发掘简报》，《考古》2019 年第 3 期。

［2］王晓毅、张天琦等：《蒲州故城遗址 TG148202 发掘简报》，《中国国家博物馆馆刊》2014 年第 10期，图五八。

（三）介休窑

细白瓷盏 H20∶145（彩图一〇∶8），可复原。敞口，圆唇，唇部由口沿向外折叠加厚，斜弧腹，高圈足外撇，外底微凸。细白胎。内施满釉，外施釉至圈足，外底心挂半釉。釉色白中微泛黄。内底有三颗圆形支钉痕，外腹残存叠摞烧制的粘连痕。口径9、圈足径2.8、高3.9厘米。在河津固镇窑址细白瓷产品中未发现形制相近的器物，而与河南浚县黄河故道出土的北宋介休窑细白瓷盏[1]胎釉及造型相近，可能属介休洪山窑场的细白瓷产品。

（四）景德镇窑

H20内出土的青白瓷斗笠盏和壶瓶盖应属景德镇湖田窑产品。从现有发掘材料来看，蒲州故城遗址宋金堆积单位内出土的青白瓷产品数量稀少。

青白釉斗笠碗 H20∶140（彩图一〇∶9），可复原。敞口，尖圆唇，斜直壁，内底微下凹，高圈足浅挖，足墙较直，器显高瘦。白胎质细腻，胎壁轻薄微透明。内外均施青白釉，釉莹润温和，外壁施釉及足外墙，底足露胎。内壁刻饰三组花草纹样。口径16.3、圈足径3.8、高5.3厘米。与景德镇湖田窑址出土的B型青白釉斗笠碗[2]胎釉及造型均相同，为湖田窑北宋中、晚期的代表性器类。

青白釉壶瓶盖 H20∶4（彩图一〇∶10），可复原。盖顶面下凹，顶面较平，中间置长条状实心纽，盖沿弧斜，沿面周圈饰菱形凹纹。白胎。盖顶面及沿下施釉，青白釉，釉面开冰裂纹。盖径6、通高2厘米。与景德镇湖田窑址出土的D型青白釉壶瓶盖[3]形制相近，应属该窑产品。

三、总结

通过上述对H20内出土瓷器的窑口比对，可辨识的宋金时期窑口有耀州窑、河津窑、介休窑和景德镇湖田窑。蒲津渡与蒲州故城遗址宋金文化层内出土的青瓷多系耀州窑产品，毗邻黄河古渡、连通晋陕的区位优势，使其成为耀州窑产品进入山西，并向北方地区行销的主要通道和集散地。郭学雷先生认为金代耀州窑瓷器自陕西销往山西主要有两条线路：一条是经白水，过澄城，转郃阳，至韩城，自禹门口渡黄河至河津龙门，再通

---

［1］河南省文物考古研究院、浚县文物旅游局：《河南浚县黄河故道瓷器遗存发掘简报》，《中原文物》2017年第3期；孟耀虎：《河南浚县黄河故道出土白瓷的窑口归属》，《文物天地》2018年第8期。

［2］江西省文物考古研究所、景德镇民窑博物馆：《景德镇湖田窑址：1988~1999年考古发掘报告》，文物出版社，2007年。

［3］江西省文物考古研究所、景德镇民窑博物馆：《景德镇湖田窑址：1988~1999年考古发掘报告》，文物出版社，2007年。

往河东路；另一条即是由白水，过澄城，下同洲，经朝邑，过蒲津渡到达河中府。在蒲州故城 H78、H58 等晚唐五代单位内出有同时期黄堡窑的黄釉饼状足碗、茶叶末釉执壶等器物，明清文化层中也出土有较多耀州窑生产的白釉黑箍瓷碗（彩图一〇：11），可见在唐五代时期，耀州窑黄堡窑场的产品就已通过蒲津渡销往山西地区，经宋金直到明清，蒲津渡与蒲州故城遗址在耀州窑产品的销售和流通中都扮演着重要角色。

宋金时期的陕西地区，耀州窑一家独大，瓷业发展不平衡，制瓷面貌相对单一。而同时期的山西窑场，受河北、河南地区先进制瓷技术的影响，窑口林立，面貌丰富，呈现百花齐放的态势，往往选择陕西、甘肃、内蒙古等西部和北部地区作为开拓市场的主要区域。河津窑距陕西仅一河之隔，毗邻龙门及蒲津两大黄河古渡的区位优势，为其产品进入陕西提供了便利。从现有考古出土和馆藏河津窑产品的分布来看，其以周邻的晋南地区为主要销售市场，包括万荣、芮城、稷山、乡宁、侯马、永济、平陆、运城、绛县和新绛等地，于外省的流布仅在陕西、甘肃有发现，包括陕西的韩城、合阳、蒲城、宝鸡、延长、佳县和甘肃庆阳，集中于陕西邻黄沿线地区，产品仅见高档的金代装饰瓷枕。其主要流通路线应是自韩城入陕，一条经合阳、蒲城，向西至关中西部的宝鸡和甘肃陇东地区；一条经宜川，至延长、佳县等陕北地区。从流通路线来看，河津窑进入陕西的主要通道应为毗邻的龙门渡。而蒲津渡遗址出土的河津窑产品，一方面说明其销往晋西南地区的主要路线是走水路，经蒲津渡进入蒲州故城；另一方面则尚需更多的考古资料来佐证，即是否可以反映其自龙门渡沿黄河南下，经蒲津渡作中转，向西进入关中腹地，向南销往豫西地区。

宋金介休窑产品的外销地区一般集中在内蒙古、陕西、宁夏和甘肃一带，以北宋的细白瓷产品为主。在陕西蓝田吕氏家族墓和河南浚县黄河故道均出土有介休窑北宋精细白瓷[1]。介休窑地处山西中南部，其西为吕梁山区，交通不便，且黄河上游自碛口往下至龙门渡，河中暗礁、激流多，河床落差大，不具备通航条件。因此其行销陕甘的主要通道应是经临汾、运城盆地，自龙门、蒲津渡口过黄河进入韩城、大荔一带。结合河南浚县黄河故道出土的介休窑产品，说明其精细产品存在沿黄河向东往河南、山东一带销售的可能。

青白瓷是宋代景德镇窑的代表性产品，行销南北，从现有考古资料看，遗址和墓葬中出土青白瓷的省区近 20 个，尤以江西、江苏和辽宁数量最多。[2]山西地区并非青白瓷的主要销售地，出土的青白瓷数量不多，均分布在晋南地区，如侯马平阳厂区出土的

[1] 孟耀虎：《宋金介休窑初论》，山西博物院编《陶冶三晋——山西古代陶瓷艺术》，山西人民出版社，2019 年。

[2] 冯先铭：《我国宋元时期的青白瓷》，《冯先铭中国古陶瓷论文集》，紫禁城出版社、两木出版社，1987 年。

青白釉酒台子[1]、垣曲商城宋金文化层出土的几片青白釉印花碗残片和器盖[2]、新绛绛州大堂宋元文化层出土的少量青白瓷盘和高足杯，以及蒲州故城 H20 内出土的斗笠碗和壶瓶盖。山西地区未发现生产青白瓷的窑口，上述青白瓷应均由外省输入。通过与北宋湖田窑同类产品比对，H20 内出土的斗笠碗、壶瓶盖应属北宋景德镇湖田窑产品。宋金时期斗茶之风兴盛，市井文化繁荣，青白瓷以其色质如玉的效果成就一时风尚，H20 内出土的青白釉斗笠碗以及油滴釉和兔毫釉瓷盏残片，都是宋金市井生活中茶饮文化的客观写照。

除上述窑口外，蒲州故城其他唐至宋金文化堆积内可辨识的瓷器窑口还有唐代邢窑、巩义窑和金代霍州窑。除邢窑和景德镇窑距离略远外，其余窑口均分布于遗址周邻。来自周边诸窑口的瓷器，既满足了蒲州当地居民的生活需求，又以蒲津渡作为集散地向其他地方销售、流通。唐代的蒲州介于两京之间，不仅是关中通往河东、河北等地的咽喉要冲，而且是连接长安、洛阳两京的交通枢纽，邢窑、巩义窑的瓷器精品向长安进贡，或经长安沿"丝绸之路"销往西亚、地中海地区，蒲州的枢纽地位发挥着重要作用。遗址宋金文化层中出土的耀州窑、河津窑、介休窑和霍州窑瓷器，也显示出蒲津渡及蒲州故城遗址在宋金时期晋、陕诸窑口瓷器产品流布中发挥的重要区位优势。

[1] 张柏：《中国出土瓷器全集·山西卷》，科学出版社，2008 年。

[2] 中国历史博物馆考古部等：《垣曲商城 1985~1986 年度勘察报告》，科学出版社，1996 年。

宋元时期的广西青瓷

何安益[1]　刘康体[2]

（1.广西文物保护与考古研究所　2.百色市右江民族博物馆）

宋元时期的广西瓷业主要划分为两大区域、两种釉系，湘江上游、漓江、洛清江、红水河、左右江区域主要生产青瓷器，而北流河、武思江区域主要生产青白瓷。泾渭分明的瓷业生产格局反映出宋元时期广西的人文历史文化，而青瓷技术发展则清晰呈现出宋元时期广西的社会人文因素。研究宋元时期的广西青瓷，依据产品特征，可探索其产生、发展的历史背景，从而可以更深入且全面地认识该时期青瓷业的分布和发展。[1]过去的研究虽涉及宋元时期广西青瓷的技术、生产区域等内容，但整体而言仍不够深入及细化，要从技术角度梳理其发展格局，方能把握其发展脉络。

一、宋元时期广西青瓷窑口产品类型和特征

宋元时期广西青瓷窑口主要分布在湘江上游、漓江中游、洛清江上游、红水河和柳江流域、贺江上游，在灵渠、茶江中游、思勤江上游、左江、右江、北流河中段、黔江和郁江及浔江三角交汇带均有零星分布。其中湘江上游、漓江中游、洛清江上游、灵渠、贺江上游、茶江和思勤江位于桂东北区域，北与湖南临近，东与广东相邻；红水河和柳江流域位于桂中区域；左江和右江属于桂西南区域，与云南、贵州及越南北部临近；北流河中段及黔江和郁江及浔江三角交汇带属于桂东南区域，与粤西临近。桂东北和桂中是青瓷窑口核心分布区域，窑口密集，产品代表宋元时期广西青瓷烧造技术的最高水平，典型窑口有全州永岁江凹里窑、兴安严关窑、永福窑田岭窑、柳城县柳城窑、田东那桓窑、富川水谷窑。（插图一、表一）

---

[1] 何安益、韦军：《广西永福窑田岭窑瓷器工艺技术探源》，沈琼华主编《中国古代瓷器生产技术对外传播研究论文集》，浙江人民美术出版社，2014年。

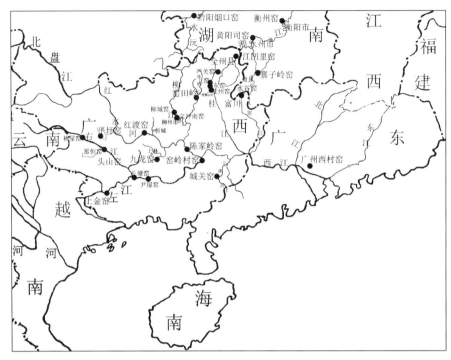

插图一　宋元时期广西主要青瓷窑口分布图

表一　宋元时期广西青瓷窑口一览表

区域	流域	窑口
桂东北	湘江上游	全州江凹里窑、上改洲窑、下改洲窑、万板桥窑、青木塘窑，兴安滩头村窑
	灵渠	兴安严关窑
	漓江	桂州窑、东窑、上窑和下窑、窑里村窑、圣上岗窑
	洛清江上游	永福窑田岭窑和清水窑、临桂桐木窑和子香庙窑
	茶江	恭城红岩窑
	思勤江	钟山汤公窑
	贺江上游	富川秀水窑和水谷窑
桂中	柳江	柳城窑、立冲窑
	红水河	忻城红渡窑、上林九龙窑
桂西南	邕江郁江	横县尹屋窑和邕宁长塘窑
	右江	田阳那赔窑和渌塘窑、田东那桓窑和平圩窑、右江区林屋窑、平果头山窑
	左江	龙州上金窑
桂东南	浔江郁江黔江	桂平窑岭村窑、武宣陈家岭窑
	北流河中段	容县城关窑

（一）全州江凹里窑[1]

位于湘江上游全州永岁乡江凹里村。窑炉为斜坡式龙窑。根据出土"大中祥符五年壬子岁八月……"款（1012年）药碾槽、"景定四年……"款（1263年）及"延祐贰年……"款（1315年）印模纪年器物，结合器物特征，该窑可分早晚两时期，早段为北宋早期，晚段为南宋晚期至元初。

1. 早期产品

有碗、执壶、盏、盘、罐、杯、盏托、腰鼓等，以碗和盘为大宗。器形规整，修胎精细。胎厚，为灰白或青灰色，个别浅红色。多为青釉，有少量酱釉，釉色均匀。装饰多素面，少量在圆器内底印莲瓣或菊瓣纹，也有在壶、瓶的肩部饰釉下彩绘花朵或在碗内底绘一两片树叶，也有钱纹及文字装饰，文字多为吉祥语或姓氏。直筒形匣钵叠烧，垫具主要为支钉或支钉圈。产品造型古朴敦厚，有稳重感，以圆唇、敞口、弧腹、宽高圈足为主，足多为接足。支烧的垫钉圈宽而厚，钉粗。釉色青中泛黄，温润且有光泽感，釉层厚。（插图二；彩图一一：1、2）

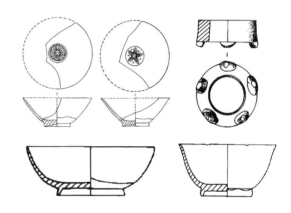

插图二 江凹里窑早期产品

2. 晚期产品

以碗、盘、壶、罐、双唇罐、高足杯、瓶、茶盏、灯盏等为主。釉以仿钧天蓝釉、青釉为主，有少量酱釉，施釉大多不及底，有的仅施半釉。装饰多素面无纹饰，仅有极少量器物有刻划或印花纹饰，部分有点洒彩装饰。明火支钉叠烧，器内底留有4~6个支烧痕。产品制作粗糙，器形厚重，圈足低矮，足墙较宽，修胎不精。（插图三；彩图一一：3~6）

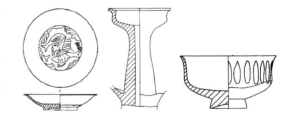

插图三 江凹里窑晚期产品

（二）严关窑[2]

位于兴安灵渠中段南岸严关镇。窑炉为斜坡式龙窑。根据调查，严关窑主要分布在

[1] 广西壮族自治区文物工作队、全州县文物管理所：《全州古窑址调查》，广西壮族自治区博物馆编《广西考古文集》，文物出版社，2004年。

[2] 广西壮族自治区文物工作队、兴安县博物馆：《兴安宋代严关窑址》，广西壮族自治区博物馆编《广西考古文集》，文物出版社，2004年。

三个区，即北窑区、庵子堆窑区、瓦渣堆窑区。三窑区产品种类、器形、装饰花纹、胎质和釉色等基本一致，以烧造碗、碟、盏、盘等生活用器为主，施青、青黄、酱、月白釉为主，仿钧、兔毫、玳瑁釉和点洒彩亦占一定的比例。装饰主要是海水游鱼及交枝、折枝花卉等印花花纹，有少量的刻划花纹和彩绘。青灰胎较厚，欠精细，修坯较粗，外壁往往留有粗大明显的旋削痕，盛行矮浅圈足。采用明火叠烧，器里留有 4~6 颗粗大的支烧痕。

各区产品在细节上也存在一些差别：

北窑区北面灵渠南岸山坡不见月白、窑变釉及点洒褐彩器，印花器也较少。背里山西坡有一些月白、窑变釉器，印花器较多。背里山中段以烧青、青黄、酱、月白釉器为主，最突出的是点洒褐彩和兔毫釉等。背里山东面是月白釉器的主要产区。泮塘冲沟东面岗丘烧点洒褐彩和兔毫釉器等。

庵子堆窑区以烧青、青黄、酱釉器为主，也烧月白釉，印花装饰较普遍，纹饰也较丰富，除了海水游鱼及交枝、折枝、缠枝花卉纹外，还有攀枝莲婴戏纹和开光"寿山福海""嘉庆福寿"等吉祥语，筒形垫具使用较流行。

瓦渣堆窑区以烧青、淡青、酱釉为主，也烧月白釉，印花器较少，圆柱形垫具较流行。

根据产品特征和纪年器物，《兴安宋代严关窑址》报告中将严关窑分为早中晚三个时期。有关该窑址年代上限和下限认识，笔者略与报告有不同看法。报告认为严关窑始烧时代上限为南宋绍兴晚期。根据永福窑田岭 Y2 发掘资料，该窑出土"□熙五年"（1178年）纪年印模，其印花纹样及造型风格与严关窑早期基本一致，布局疏朗、口宽、器深、足宽，釉色偏青黄；装烧以匣钵支钉叠烧，而严关窑为明火支钉叠烧，二者存在差异。严关窑年代上限应较窑田岭 Y2 年代下限略晚。严关窑晚期产品出现具有元代特征的高足杯，与全州永岁江凹里窑晚期以及柳城窑产品差异不大，从江凹里窑和柳城窑纪年器可知，该类器物下限已经进入元初，严关窑年代下限应为元代初期，从而进一步推知严关窑出土的"癸未孟夏"款纪年应为嘉定十六年（1223年）。调整后的严关窑分期如下：

早期　南宋淳熙至开禧年间，南宋早期偏晚。出土"庆元元年"（1195年）款青瓷砚。釉色以青、酱釉为主。圆器流行敞口、撇口，斜直或微弧腹，圈足较小。装饰以印花为主，花纹主要是海水游鱼、莲池鱼藻、莲鱼、莲花、缠枝菊（或牡丹）、交枝花卉、分格席地宝相花、攀枝婴戏纹等，花纹布局严谨而疏朗。（彩图一一：7~11）

中期　南宋嘉定至宝祐年间，南宋晚期。发现有"癸未孟夏"款海水游鱼纹印模及"癸卯年"款交枝花卉纹印模，"癸未"即嘉定十六年（1223年），"癸卯年"即淳祐三年（1243年）。该时期产品出现卷口、敛口、直口碗及束颈盏、折沿盘、碟及高足杯等新品种。碗、盘、碟等圆器的矮浅圈足渐变宽大，束领盏由瘦高变为矮浅。釉色增加了淡青、月白、墨绿、玳瑁、兔毫釉以及点洒褐彩等新品种。广泛使用点洒褐彩和窑变釉装饰，较多地使用"寿山福海""福寿嘉庆""金玉满堂"及"太平""天下太平"等吉祥语和文字作装饰，装饰花纹较繁缛。（彩图一二）

晚期　元初。青釉相对较少，流行月白、仿钧、点洒褐彩及兔毫釉。装饰花纹大大减少并简化，以内心印一团花为常见。胎体趋于厚重，制作粗糙。

（三）永福窑田岭窑[1]

位于洛清江上游，隶属永福县永福镇南雄村方家寨窑田岭至广福乡大屯木浪头一带长约 7 千米的洛清江两岸坡地上，有窑田岭、塔角、牛坪子、瓦窑岭、徐水冲、鬼塘岭、枫木岭、木浪头等地点。[2]窑炉均为斜坡式龙窑，主烧青瓷，兼烧酱釉瓷，以碗、碟、盏、盘、壶、腰鼓为主。在 2010 年发掘中，该窑场 Y5 出土了"元封四年"款青釉荡箍，对照产品特征和刻划铭文，此"封"应为"丰"同音异体字写法，"元封四年"应为"元丰四年"（1081 年）；Y2 出土了"口熙五年"款印模，参考产品特征以及严关窑同类产品，"口熙五年"应与"淳熙五年"（1178 年）对应。此外还出土较多的绍圣、崇宁年间纪年器。根据调查及历年研究，以牛坪子、瓦窑岭、鬼塘岭、木浪头为代表的窑场还生产与窑田岭和徐水冲窑场风格不同的青瓷产品，与江凹里早期产品特征基本一致。因此从大的时间段可以把窑田岭窑分为早中晚三个时期。

早期以牛坪子和瓦窑岭为代表，产品以青黄釉为主，满釉，灰胎，胎厚釉厚，釉质温润厚实，略有光泽，造型拙朴敦厚。主要烧造大型的碗、盘、碟、罐、壶、腰鼓等，造型单一，主要为敞口弧腹圈足碗、盘、碟，一般内底彩绘或印朵花。足规整，宽厚且深，为接足，近垂直。窑具有直筒形匣钵、支钉、垫饼、支钉圈，以匣钵、支钉圈叠烧为主，产品风格与江凹里早期基本一致，时代上限应与江凹里早期接近。（彩图一三：1~4）

中期以塔角、徐水冲、窑田岭为代表。产品以碗、碟、盏、盘、壶、腰鼓为主，窑具以垫饼、垫圈、支钉、垫座为主，有少量垫钉圈，垫钉圈小型化，小短钉薄垫。出土有元丰、绍圣、崇宁纪年器物，大致属于北宋晚期，始烧年代可能接近中晚期。

产品按釉色分为三类，A 类以青黄釉为主，釉面呈橘皮状，釉色晦涩；B 类以青灰、

---

[1] 广西文物保护与考古研究所：《广西永福县窑田岭Ⅲ区宋代窑址 2010 年发掘简报》，《考古》2014 年第 2 期；何安益、韦军：《广西永福窑田岭窑瓷器工艺技术探源》，沈琼华主编《中国古代瓷器生产技术对外传播研究论文集》，浙江人民美术出版社，2014 年；何安益：《2010 年广西永福窑田岭窑址发掘概述》，广西壮族自治区博物馆编《瓷美如花·馆藏瓷器精品图集》，广西教育出版社，2011 年。

[2] 何安益、韦军：《广西永福窑田岭窑瓷器工艺技术探源》，沈琼华主编《中国古代瓷器生产技术对外传播研究论文集》，浙江人民美术出版社，2014 年。

插图四　窑田岭窑中期
A 类产品

青黄、铜绿为主，釉色明亮，玻璃质感强；C 类为窑变釉，主要为铜红和天青釉。

A 类主要分布在塔脚Ⅳ区、鬼塘岭、木浪头，承袭早期风格，但造型粗糙。以青黄釉为主，碗、碟、盏、盘等圆器内满釉外半釉，釉色暗淡无光泽，呈橘皮状。装饰以素面为主，少量内底模印朵花和三分风格彩绘。造型以圆唇、敞口、弧腹、宽接足为主，矮足外撇。主要器类有碗、碟、盏、盘、双唇罐、腰鼓、盆等。主要采用支钉、垫圈、垫饼支烧，有大量"凹"字形垫座和少量垫钉圈，腰鼓口多见芒口。（插图四；彩图一三：5~9；彩图一四：1、2）

B 类产品出现的时间略晚于 A 类，二者存在一窑同烧现象，后期并行发展，相互依存，主要分布在徐水冲和窑田岭。塔角Ⅳ区和木浪头见有 B 类产品，但数量不多。徐水冲和窑田岭主要烧制 B 类和 C 类产品，少量烧制 A 类产品。B 类产品以碗、碟、盏、盘为主，胎为灰胎或灰白胎，釉色以青黄和青灰为主。徐水冲地点以满釉为主，窑田岭地点以内满釉外半釉为主。精细产品主要以铜为着色剂，高温氧化气氛下形成翠青、翠绿色，是该窑最高水平。产品造型灵巧精细，配以青釉，雅致美观，薄胎、薄釉、透明，有玻璃质感。装饰以印花为主，以翠青、翠绿产品质量最高。器物以侈口斜弧腹矮圈足为主要特征，足近直，随意浅挖不修整。内壁满印花，内底印花，主要为菊花、莲花、牡丹、葡萄、向日葵等植物花卉，少量为动物，以缠枝或折枝的菊花及牡丹为主。装饰方面的主要特色是器内壁和内底的印花多为不同纹饰。装烧为直筒匣钵叠烧，主要采用支钉、垫圈、垫饼间隔。（彩图一四：3~13）

C 类产品的分布区域与 B 类一致，是烧造过程中因火候不同发生窑变所形成。出现大量铜红釉，有单色全红，也有铜红斑，以青釉中夹杂铜红斑数量最多。此外 Y2 出现少量天青釉产品。（彩图一五：1~6）

晚期以 Y2 晚段、枫树岭和塔角Ⅴ区为代表，Y2 出土"□（淳）熙五年"（1178 年）款印模，为南宋早期。釉色以青黄和青灰为主，釉面略欠光泽。印花线条粗，布局疏朗，器内底和内壁纹饰为一整体，出现开光"寿山福海"吉祥语和婴戏纹。碗较大，大口、深腹、宽足特征突出，略显笨拙，制作粗糙，不够精细。出现束口盏，挖足随意，足墙厚。（插图五；彩图一五：7~9）

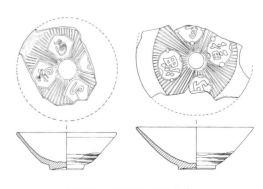

插图五　窑田岭窑晚期产品

（四）柳城窑[1]

　　属于红水河和柳江区域，位于柳城县融江及其支流龙江沿岸的平缓坡地上，由多个窑组成，包括坡洛崖、木桐、龙庆、靖西、杨柳、黎田窑、余家窑、对河窑和西门崖等。窑炉为斜坡式龙窑。初烧年代为元，明清时期延续。出土"延祐五年七月……"款鱼纹印模，延祐五年为1318年。出土"致和叁……"款碾轮，致和年号仅有一年，为1328年。有青釉、酱釉、月白釉和仿钧釉。装饰有刻印莲瓣纹、植物花卉及"福""记"等文字。产品以碗、盏、盘、碟、杯、灯盏为主，此外有盏托、灯座、香炉、高足杯、壶、罐、水注、葫芦瓶、轴臼、器盖、擂钵、碾轮、罐、坛等日用陶瓷器。装烧为明火叠烧，除大量用以间隔器物进行叠烧的支钉外，其余窑具数量不多，主要有垫柱、垫圈、垫钵、支圈、垫饼等。（插图六；彩图一五：10~15）

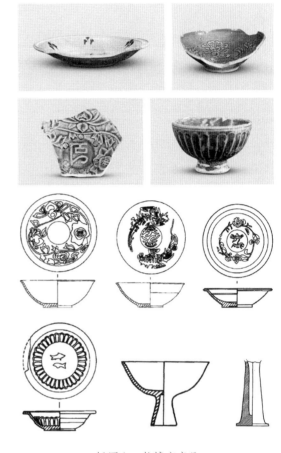

插图六　柳城窑产品

（五）水谷窑

　　近年新发现，位于广西富川瑶族自治县朝东镇。胎多呈青灰色、灰白色，素面器胎较厚，印花器胎略薄。釉以青色为主，有翠青、青灰、青黄、青褐色等，部分青釉玻璃质感强，光润透亮。器内多满釉，器外多半釉不及底，部分产品的釉面干涩无光、有橘皮纹。产品有碗、盏、碟、盘等。以圈足为主，有少量饼足与卧足，部分圈足为挖足，比较随意，另有部分接足，足宽高，足墙圆润规整。碗、盏、盘绝大多数为圈足，碟、盏类器物饼足比例高。绝大多数为素面，部分采用印花、刻花、划花、堆塑等手法，印花以动物植物花卉为主。以直筒形匣钵装烧，支钉、支钉圈、垫圈、垫饼间隔。（彩图一六）

---

[1]广西壮族自治区文物工作队、柳城县文物管理所：《柳城窑址发掘简报》，广西壮族自治区博物馆编《广西考古文集》，文物出版社，2004年。

（六）那桍窑[1]

属于右江区域，位于田东县平马镇合桍村那桍屯对面的坡地上，右江南岸岸边。窑炉为斜坡式龙窑。釉色以青釉为主，前段釉色略深，后段偏青黄。装饰手法有刻花、划花、模印等。该窑初烧时期以烧制罐、壶、擂钵为主，胎厚，呈铁紫色，青釉较深，近酱釉；后期产品以青黄釉为主，出现月白釉，有罐、碗、碟、盘、灯、盏、盆、擂钵、执壶、器盖、网坠、动物俑等生活用品。装烧为明火叠烧，窑具有支钉、垫饼、垫条、支座等。主要特征为胎厚，粗糙，碗为敞口，盘为折沿。时代大约为南宋晚期至元初。（彩图一七：1~9）

总体而言，宋元时期广西青瓷窑数量激增，主要分布于各大河流及其支流坡地。以海洋岭、大瑶山、莲花岭为线形成两大釉色系，以西为青瓷，以东为青白瓷。根据青瓷窑产品体现特征，往往因采用技术不同，产品出现不同，并相互掺杂，具有复杂性和多样性。

二、宋元时期广西青瓷产品技术分类

根据各窑产品特征，宋元时期广西青瓷产品大致可以划分为五大类，Ⅰ类以江凹里早期产品为代表，依据各窑产品特征以及时代早晚细分为 A、B 两类；Ⅱ类以窑田岭窑中期 B 类产品为代表；Ⅲ类以严关窑早期产品为代表；Ⅳ类属于特殊品种，以水谷窑产品为代表；Ⅴ类以严关窑中期和晚期产品为代表，柳城窑产品亦可以归入该类。

（一）Ⅰ类产品

判断标准是产品装烧、装饰、圈足特征。A 类和 B 类产品本质是一脉相承的工艺技术，B 类吸收了新的工艺，代表Ⅰ类产品从早到晚的技术发展过程。

A 类产品总体制作精细，比较讲究。匣钵叠烧，支烧具主要为支钉圈。胎釉厚，青黄釉，满釉，失透，温润略见光泽。碗造型为敞口、弧腹、高圈足，足宽厚。装饰以素面为主，碗、盘内底偶见模印的圆形朵花，以菊为主。该类产品分布以全州湘江上游为主，桂林漓江一带东窑、永福窑田岭窑牛坪子和瓦窑岭地点、富川水谷窑、忻城红渡窑[2]、柳江立冲窑以及桂平的窑岭村窑[3]和罗播窑[4]均见，涵盖广西所见主要青瓷窑场，分布

[1] 谢广维：《百色田东那桍窑》，广西文物保护与考古研究所编著《广西基本建设考古重要发现》，广西科学技术出版社，2015 年。

[2] 韦革：《来宾忻城红渡窑》，《广西基本建设考古重要发现》，广西科学技术出版社，2015 年。

[3] 何安益、韦军：《广西永福窑田岭窑瓷器工艺技术探源》，《中国古代瓷器生产技术对外传播研究论文集》，浙江人民美术出版社，2014 年。

[4] 陈小波：《桂平古代窑址调查》，《中国古代窑址调查报告集》，文物出版社，1984 年。

广，技术稳定，产品成熟。根据出土纪年器物，该类产品延续时间较长，至北宋晚期仍生产。红渡窑出土制陶工具柄上有"元丰四年四月……洗且记者"（1081年）纪年，可能是该类产品的年代下限。

B类产品总体粗糙，比较随意。大致从元丰年间开始出现，以窑田岭中期A类产品为代表。较少使用支钉圈叠烧，大量出现支钉叠烧。碗的特征是敞口、斜弧腹、宽接足，足变矮且圆润外撇，出现挖足。釉色也与A类产品不同，虽为青黄釉，但釉面呈橘皮状，黯淡无光，比较晦涩，内满釉外半釉。碗常装饰彩绘，三分画法，主要为变形植物花卉，内底常见模印的"尧"字或单支折枝叶或折枝花。盘、碟为浅斜腹，内底素面或模印圆形朵菊。碗内底三分彩绘的风格在A类产品牛坪子窑场已经出现，但江凹里窑址未见，表明两者之间存在早晚关系。

I类产品特征并非孤立存在，应与湖南衡州窑[1]密切相关。衡州窑始烧可以追溯至晚唐五代，其产品胎厚釉厚，釉温润失透，敞口、直弧腹造型，圈足高、宽、厚，常见内底模印圆形朵花装饰，采用直筒形匣钵支钉圈叠烧。从晚唐五代衡州窑至南宋时期衡南云集窑均见衡州窑产品技术，并向湖南南部永州传播。整个两宋时期，湘江上游普遍烧制以衡州窑为代表的青瓷产品，以湖南衡州窑和永州黄阳司窑[2]具有代表性，工艺技术传承性明显，具有鲜明地方特点（插图七、八；彩图一七：10~15）。鉴于湖南衡州窑产品在以湘江上游为中心的湘桂两地的特殊地位，简称其为衡州青瓷系，本系列青瓷产品延续时间长，产品技术风格稳定统一，从湖南衡阳至广西全州湘江一带密集分布。B类产品除广西外，在湖南永州三多亭窑[3]、道县寨子岭窑[4]、黔阳烟口窑[5]等均有发现，值得注意的是，永福窑田岭窑塔角和木浪头窑场、黔阳烟口窑、道县寨子岭窑、富川水谷窑等窑口均出现A、B类产品与仿耀印花青瓷产品共烧的现象。其中烟口窑出土有"元祐四年"（1089年）纪年器物，与红渡窑的"元丰四年"对应，而永福窑田岭Y5也曾出土"元丰四年"（1081年）纪年器，该

插图七　湖南衡州窑产品

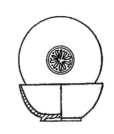

插图八　湖南黄阳司窑产品

［1］周世荣、郑均生：《衡州窑与衡山窑》，湖南美术出版社，2012年。

［2］周世荣、郑均生：《衡州窑与衡山窑》，湖南美术出版社，2012年。

［3］钟洪香、赵荣学：《永州三多亭窑的初步研究》，广西壮族自治区博物馆编《广西博物馆文集·第九辑》，广西人民出版社，2012年。

［4］何安益、韦军：《广西永福窑田岭窑瓷器工艺技术探源》，沈琼华主编《中国古代瓷器生产技术对外传播研究论文集》，浙江人民美术出版社，2014年。

［5］湖南省文物考古研究所：《湖南洪江市宋代烟口窑址的发掘》，《考古》2006年第11期。

窑烧造 B 类产品，不见 A 类产品。判断 B 类产品出现时间大致在元丰至元祐年间，下限可能延续至南宋，以富川水谷窑为代表。总体而言，B 类产品主要在广西发现，湖南区域也有发现，二者之间的相互关系有待进一步研究。

从历史渊源看，广西桂东北的全州、兴安、资源、灌阳均属于湖南管辖，治所在今永州，因此该区域的历史文化习俗自古以来具有传承性。该类产品进入全州后，迅速向南向东影响，广西的漓江一带包括现桂林市周边、洛清江的永福、桂江支流思勤江的钟山、贺江上游的富川、柳江流域的柳江县和红水河流域忻城县，以及以桂平市为中心的郁江、黔江、浔江交汇带，均有烧造 I 类产品的窑口。I 类产品是宋元时期广西分布最广、延续时间最长的青瓷产品，从根本上说，该类产品是核心，其技术成熟易掌握，产品稳定，从而可以在广西迅速推广，并奠定了宋元时期广西青瓷生产的技术基础。

（二）II 类产品

以窑田岭窑中期 B 类和容县城关窑 Y1 的 I 层产品为代表，主要特征是釉透明，玻璃质感强，有青黄、青灰、翠绿、翠青、墨绿色，其中翠绿和翠青雅致，是该类产品中的精品。翠青、翠绿、墨绿釉以氧化铜为着色剂，统称铜绿釉，窑炉高温烧烧造过程中，因气氛不同，氧化气氛下形成铜绿釉，还原气氛中则形成铜红釉，因此该类产品往往伴生共烧品——高温铜红釉瓷。青灰和青黄釉中基本不见氧化铜，而以氧化铁为着色剂。总体而言，以氧化铜为着色剂的青瓷远比以氧化铁为着色剂的青瓷雅致，且铜绿釉产品质地以及施釉工艺、装饰工艺、造型亦远高于氧化铁青瓷产品。铜绿釉产品普遍满釉，如徐水冲地点和容县城关窑产品；少有内满釉外半釉产品，在窑田岭地点较多见。氧化铁青瓷产品几乎不见满釉现象。造型方面，II 类产品总体灵巧，以侈口斜弧腹、小圈足为主，容县城关[1]和徐水冲圈足挖足工整，而窑田岭地点则随意。装饰有刻花、模印、堆塑、划花，以模印为主，刻划花主要是多层莲瓣，常见于碗外壁；模印花主要是植物花卉，部分为动物以及海水游鱼、水草等，少见婴戏纹，植物花卉以菊花为主，部分为莲花和牡丹，印花中缠枝和折枝比较常见。器内壁和内底纹样题材多不一致，盏内壁常见装饰缠枝朵菊、内底朵菊，碗内壁多为缠枝牡丹和缠枝菊叶，盘、碟类内底常见莲瓣和葵花。装烧方面，容县城关窑为一钵一器漏斗形匣钵装烧；窑田岭窑为直筒形匣钵叠烧，支钉和垫饼间隔；窑田岭窑徐水冲地点过去研究认为也是一钵一器漏斗形匣钵装烧[2]，但笔者多次调查，并曾小范围试掘，均未见漏斗形匣钵。

---

[1] 广西壮族自治区文物工作队：《广西容县城关窑宋代瓷窑》，《考古学集刊·第 5 集》，中国社会科学出版社，1987 年。

[2] 韦仁义：《广西北宋窑址高温铜红釉瓷的新发现》，中国古陶瓷学会编《中国古陶瓷研究·第九辑》，紫禁城出版社，2003 年。

　　II类产品与既有青瓷产品风格存在较大差异，且烧造该类产品的窑口比较集中，以窑田岭窑为主要烧造地。容县城关窑虽然也烧造该类产品，但主要还是烧造青白瓷，一钵一器的烧造方法质量高，产量却不大，且因与青白瓷共烧，技术方面也存在问题。永福窑田岭窑的塔角及木浪头地点存在与I类产品共烧的现象。或是因窑炉结构以及火候控制问题，才开辟了专烧II类产品的窑场——窑田岭地点和徐水冲地点，开始大量烧造印花青瓷。

　　II类产品在广西除窑田岭窑和城关窑外，上林九龙窑以及水谷窑也有生产，总体生产地点比较集中且产品出现比较突兀，是一种远距离跳跃性生产，且与既有瓷业生产技术格格不入，在广西如此，在与广西临近的湖南烟口窑和寨子岭窑也是如此。从出土的纪年器，包括城关窑"元祐七年"、窑田岭窑"元丰四年"、烟口窑"元祐四年"等款识器物，初步判断该类产品大致在元丰年间生产。根据II类产品青釉印花以及灵巧的造型风格，从技术体系上可以划入耀州系。岭南最早烧制耀州瓷的窑口属广州西村窑[1]，初烧刻花和划花青瓷，北宋晚期出现印花产品。这一时期广州港兴盛，是当时外销的主要港口。后随着贸易港中心北移至泉州，广州港外销地位下降，引发系列变化，广东瓷业生产出现大衰落，西村窑的仿耀州青瓷产品或停烧，而这一时期永福窑田岭正盛烧印花青瓷，同时广西青白瓷生产也进入了巅峰生产期。

　　综上所述，认为永福窑田岭烧造耀州窑印花青瓷的技术直接源于岭北的说法难以得到考古学资料的支持。其一，窑田岭窑及城关窑龙窑结构、氧化铁和氧化铜釉料配方、器物造型，特别是缠枝团菊印花盏或碗，明显与耀州窑存在差异。西村窑早期产品中见有与耀州窑风格一致的，但也有与窑田岭窑及城关窑风格一致的青瓷印花产品。其二，与广西临近的湖南诸窑口均不见大量烧造耀州窑风格的印花青瓷产品，仅个别窑口有零星生产，如烟口窑、寨子岭窑，内满壁印花风格及题材与广西所见一致，但质量较差，且印花产品烧造年代略晚于广西各窑，更晚于西村窑；其三，广州与永福及容县同属岭南大区，交通便捷，商贸往来频繁，永福所在洛清江以及城关窑所在北流河借助珠江水系均可以直达广州，两地瓷业技术交流比较便捷。如西村窑彩绘装饰的腰鼓，在桂东北特别是永福窑田岭窑有大量烧制，二者生产技术应有联系，而西村窑耀州窑印花青瓷技术也可由此传至广西。

　　综观以上，II类产品的出现应与西村窑密切相关，其技术体系属于耀州窑青瓷系，最早约在北宋中晚期出现，北宋末期及南宋早期为生产巅峰期，窑场呈点状零星分布，未形成大片的生产区域。

---

[1] 广州市文物管理委员会：《广州西村窑址》，文物出版社，1958年。

（三）Ⅲ类产品

以严关窑早期产品为代表，包括窑田岭Y2晚段，年代上限大致在南宋早期偏晚阶段。胎为灰胎或褐胎，釉色偏黄或偏灰，光泽感较差，品质一般，少见翠青、翠绿青瓷。碗为大口、侈口，深斜弧腹，宽圈足，足墙宽而厚，挖足讲究，足口平，足内底平整，印花装饰布局疏朗，线条粗，壁和内底印花一气呵成。盏多为束口。碗、盏见海水开光"寿山福海"吉祥语，盘多为双鱼。装烧方面，初期为匣钵支钉叠烧；后期基本不见匣钵装烧，以明火支钉叠烧为主。

Ⅲ类产品技术上应源于窑田岭Ⅱ类产品，二者承袭关系明显，生产区域主要集中于桂东北的洛清江、漓江、灵渠、湘江上游区域，其他区域较少见。

（四）Ⅳ类产品

该类产品仅见于富川水谷窑。个别碗、碟、盘的圈足制作与Ⅰ类产品相似，宽接足，足墙厚，外墙近直，有高足和矮足之分。除圈足外还有大量饼足，除水谷窑外，围绕水谷窑周边的豪山、秀水、马山窑口也采用饼足技术，应为同一体系。除富川外，恭城的红岩窑也发现饼足产品，但该窑基本不见Ⅰ类圈足。釉色以青釉为主，具有Ⅰ类产品特征的泛黄或灰，具有Ⅱ类和Ⅲ类产品特征的略泛绿。装饰方面主要采用印花技术，题材有动物、植物花卉等。总体而言，该窑址的生产借鉴了Ⅰ类、Ⅱ类及Ⅲ类产品的技术，釉色、造型、装饰基本相似，但也存在差异，如碗、碟、盘的青釉色，侈口、斜弧腹的造型，饱满紧凑的印花装饰与Ⅱ类产品相似；碗内底多为小平底，与Ⅱ类碗不同，但与Ⅲ类产品相似；圈足挖足及修整技术与Ⅲ类产品相似，浅宽足、足平口规整，而足内底往往见尖圆点或浅圆凹坑则与Ⅲ类产品不同；盏中常见束口盏，与Ⅲ类产品一致。

Ⅳ类产品目前仅见于富川水谷窑，初步判断该窑可以分三个阶段：早段大约在北宋中晚期，以青黄釉的敞口、直弧腹、宽厚圈足碗为代表，应来自湖南衡州窑技术体系；中段以釉色和印花类似Ⅱ类产品、足类似Ⅲ类产品的器物为代表，尽管品质不高，但仍可划入耀州窑青瓷体系，其技术或来源于窑田岭窑，年代应属于南宋早期，与严关窑早期相当或略早；晚期融合Ⅰ类产品圈足技术、Ⅱ类产品的釉色及印花装饰、Ⅲ类产品的造型，还出现束口、饼足类产品，大致相当于严关窑中期偏早阶段。

（五）Ⅴ类产品

以严关窑中期、晚期以及柳城窑产品为代表，时代大致相当于南宋晚期至元初。该类产品的显著特征是出现大量仿钧、仿建、仿龙泉技术产品。大致分早晚两个阶段：早期以严关窑中期为代表，产品满壁印花，胎呈灰色或褐色，除青黄釉外还出现墨绿、月白、玳瑁、兔毫及点褐彩，印花装饰疏朗，大量出现开光"寿山福海""福寿嘉庆""金玉满堂"等吉祥语，婴戏纹数量也较多。器类方面，除常见碗、碟、盏、盘、罐、壶外，出现高足杯和平折沿盘。挖足技术方面，浅宽足，足墙厚，足口外斜，足内底平整。晚期以柳城窑和严关窑晚期为代表，除青釉外流行月白、仿钧、点洒褐彩及兔毫釉，装饰花纹大大减少并简化，印团花较为常见，胎体趋于厚重，制作粗糙。圈足矮平，近似饼足。装烧方面均为明火支钉叠烧，支钉粗，出现大量高垫柱。产品常见仿龙泉平折沿盘、高足杯，共存有仿建黑釉、鹧鸪斑、玳瑁，以及大量的月白釉产品。

该类产品在广西集中于桂东北和桂中区域，产量大，销售地广，遍及广西各地。广西所见宋元时期遗址中该类产品常见。

三、问题讨论

宋元时期广西青瓷技术核心应当源于湖南衡州窑，以Ⅰ类产品为代表，是该时期最早的青瓷产品。该类技术既是受湖南技术南传的影响，也是基于广西地区对历史文化传承的认同感。首先，今属广西的全州、兴安、灌阳与湖南临近，历史上曾属湖南管辖范围，南岭南北两地湘桂区域文化交流频繁，南来北往主要经过桂东北湘桂走廊和潇贺古道，区域文化深受湖南影响，文化认知造就衡州窑产品能够被广西接受并植根于民间。其次，人群移动造成地方文化统一性。宋元时期，广西青瓷主要分布在桂东北、桂中和桂西南，青瓷产品出现在该区域并非偶然，而是与该区域居住的人群存在密切关系。该区域至今流行地方话，与湖南现今地方话归属一个系统——西南官话，甚至桂林、柳州一带很多现居民的祖先都源于湖南，后移民至广西。移民促进了两地文化传承。最后，自唐武则天长寿元年（692年）连接漓江和洛清江的桂柳运河开凿开通，岭北文化经水路南下进入广州有了新的水路通道，湘江、灵渠、漓江、洛清江、柳江、西江主干完全畅通，避开了滩险水急的桂江，该流域迎来了经济文化发展的新高潮，来自湖南的各类技术、产品以及商贸往来带动了地方发展，瓷业技术是其中的重要部分。从宋元时期广西青瓷窑址分布可知，以衡州窑为核心代表的青瓷窑集中分布在湘江、漓江、桂柳运河、洛清江、柳江、黔江一线，因此宋元时期广西青瓷烧造业的发展与桂柳运河的开通密切相关，是不可忽视的交通路线。分布于贺江及思勤江流域的青瓷生产则与潇贺古道有关。Ⅰ类产品在广西出现于北宋早期偏晚阶段，之后向南影响，并在广西形成一个比较广泛的生产区域。大约至元丰年间出现ⅠB类产品，三分釉下彩绘的画法极具代表性，直至南宋早期后逐渐消失。

Ⅱ类产品从窑系划分可归入耀州窑系，尽管总体工艺技术难以匹敌耀州窑青瓷，但在造型、装饰、釉料配方等方面具有创新性，小口、小足的灵巧造型，以菊花为主的花卉题材符合南方人日常生活审美。釉料中加入氧化铜，在氧化气氛中烧造出的精美如翡翠的翠青、翠绿青瓷是该类产品中的精品。Ⅱ类产品的出现极具偶然性和突发性，可能是广州外销瓷贸易港地位下降导致广东外销瓷生产快速衰落，导致其产业转移至广西内陆区域。Ⅱ类产品创烧时间应晚于ⅠA类，相当于ⅠB类或略晚，时间大致在元丰年间，后期与ⅠB类产品并行发展。大约淳熙年间，Ⅱ类产品的釉色、装饰、造型、装烧等均发生改变。Ⅱ类产品在空间分布上比较散落，呈点状跳跃式生产，且集中于北宋晚期至南宋早期，此后逐渐衰落。除青瓷外，广西青白瓷生产也呈如此发展趋势。显然，宋元时期广西瓷业生产巅峰期的出现并非偶然，而是与广州港及广东外销瓷业生产的兴衰关系密切。

Ⅲ类产品大致在淳熙年间始烧，其技术特征应来自Ⅱ类产品，仍可划入耀州窑青瓷系，但出现诸多变化，釉色、装饰、挖足以及装烧工艺明显区别于Ⅱ类产品。空间分布上，Ⅲ类产品仅见于桂东北区域。同一时期，模印花技术在广西桂东南北流河流域的青白瓷窑场中得到广泛应用，青瓷产品的造型、釉色、装饰均与同时期青白瓷相差很大。优胜劣汰符合商品发展规律，这或许是青瓷窑场中模印花产品难以发展的一个原因。至南宋晚期，青瓷产品中满壁模印技术逐步退出历史舞台，而精致印花技术在广西青白瓷窑场则延续至元初。

Ⅳ类产品具有独特性，仅见于富川一带。早期技术源于衡州窑，大约在北宋中晚期始烧；中期相当于南宋早期，出现仿耀印花技术，产品融合Ⅱ类产品的仿耀印花及施釉工艺与Ⅲ类产品的圈足造型工艺，极其特殊；晚期大致为南宋晚期，出现衡州窑技术和仿耀印花技术结合的产品，与黑釉束口盏类器物共烧。该窑是本地技术与外来技术结合的典范。

Ⅴ类产品承袭Ⅲ类产品的工艺技术，但模印花技术衰落，线条粗，布局疏朗，出现模印单一团花，题材单一。盘、碟以饰莲花为主，流行开光吉祥语、字装饰以及点彩、釉上或釉下彩绘。多种釉色与青瓷共烧，主要有月白、天青、黑釉以及玳瑁、兔毫、鹧鸪斑等。产品类型除承袭早期外，高足杯和仿建窑的束口盏、仿龙泉窑的平折沿盘流行。该类产品烧制时间集中于南宋晚期至元初，分布在桂东北漓江、湘江一带及柳江一带，属于宋元时期广西最晚的青瓷产品，其技术除沿用早期仿耀印花技术，还充分吸收了钧窑、建窑、龙泉窑技术，具有复杂性和多样性。

总之，宋元时期广西青瓷产品发展具有如下几点主要特征：

胎釉　北宋早中期为厚胎、厚釉、釉失透，北宋晚期至南宋早期为薄胎、薄釉、釉透明，南宋晚期至元初为厚胎、厚釉、乳浊釉。

造型　北宋早中期为敞口、直弧腹、宽厚高圈足（接足），北宋晚期为侈口、斜弧腹、窄圈足（挖足随意），南宋早期为侈口、斜弧腹、宽圈足（足口平，挖足工整），南宋晚期至元初为侈口、斜弧腹、宽圈足（足口外斜，个别浅挖足，近似凹底，也有饼足）。

装饰　北宋早中期为内底圆形模印小朵花，北宋晚期为满壁印花（布局饱满），南宋早期为满壁印花（开光吉祥语，布局疏朗），南宋晚期至元初模印花退化（单一团花）。

装烧　北宋早中期为匣钵支钉圈叠烧，北宋晚期至南宋早期为匣钵支钉叠烧，南宋早期偏晚至元初为明火支钉叠烧。

此外，宋元时期广西青瓷业发展也顺应了历史发展规律，与人口迁徙、贸易发展以及社会政治变革密切相关。

早期从湖南衡州窑技术传承，并向南向西影响至红水河、左右江流域。此时期瓷业技术与当地人文关系和文化传统密切联系，以桂林、柳州、百色为代表区域，语言分类与湖南同属西南官话体系，两大区域往来密切。

北宋晚期至南宋早期以印花为主要特征，在广西以永福窑田窑为代表，短期内在局部区域盛行一时。此时期青瓷技术与海外贸易相关，除青瓷外，广西青白瓷装饰也受到印花技术影响，形成有别于广西以外其他区域的青白瓷印花产品。

南宋时期，宋室南迁对广西经济产生重要影响，广西从蛮地成为南宋王朝对外经济的重要区域，形成三大博易场：田东横山寨博易场、龙州永平寨博易场、钦州博易场。除商品贸易外，围绕田东横山寨博易场百色右江区域出现较多窑场，成为广西南宋时期主要瓷器生产基地，应与博易场的兴盛及市场需求有关。

四、结语

如果按时代、按技术逐层剖析宋元时期广西各青瓷窑口产品，总结其发展规律如下：

在北宋早期，主要以衡州窑为技术基础，奠定了本地青瓷业核心，该技术产品见于广西大部分区域，中心是桂东北、桂中，并影响传统青白瓷生产区域桂东南的桂平一带。

大约至北宋中晚期，广西青瓷业迎来一波技术变革，出现仿耀青瓷印花技术，出现大规模集中专业生产。该类产品在原青瓷技术基础上发展，但发展空间有限，传承也有限，与广西大范围烧造的技术成熟稳定的衡州窑产品无法相比。至南宋早期，模印花青瓷主要见于桂东北区域，其他区域少见。此外，北宋晚期至南宋早期，广西青瓷业进入发展巅峰期，匣钵支钉叠烧的模印花青瓷产品代表当时青瓷业生产的最高水平，以衡州窑青瓷系产品为代表的青瓷生产衰落，主导地位下降，以永福窑田岭为代表的模印花产品占据主导地位。

南宋晚期至元初，瓷业生产再次迎来新变革，模印花已简化，明火支钉叠烧成为主流，同时又充分吸收钧窑、建窑、龙泉窑技术，出现新的釉色和品种，至此后广西瓷业进入大衰退时期。纵观全国，元代以来南方瓷业生产越来越集中化，形成以景德镇和浙江龙泉为中心的瓷业生产基地。在此大背景下，广西瓷业自元初以后基本没有更大的发展，全国的瓷业格局也是如此。

淮北烈山窑址窑具与装烧工艺研究

陈 超

（安徽省文物考古研究所）

烈山窑址位于安徽省淮北市烈山区烈山镇烈山村，处于濉河的支流龙岱河东岸边，西距龙岱河约 1 千米，东靠烈山脚下。遗址所在区域地势比较低洼，原为淮北市煤炭一矿厂区，建厂过程中对窑址造成一定程度的破坏。

2017 年 9 月，淮北市重点工程局在实施新湖路建设项目过程中发现烈山窑址。经国家文物局批准，2018 年 3 月，安徽省文物考古研究所组织抢救性考古发掘工作，发掘面积约 700 平方米，取得一系列重要发现。发掘分为三个区域，Ⅰ区金元窑址区域（插图一），Ⅱ区唐代晚期至北宋窑址区域，Ⅲ区汉代窑址区。清理各类遗迹 70 余处，包括 6 座窑炉、52 个灰坑、1 条道路、14 条灰沟、2 处墓葬。出土了数以吨计的各时期陶瓷器残片，可复原器物 2000 余件。其中出土大量的窑具，可以很好地反映烈山窑的制瓷和装烧技术工艺。

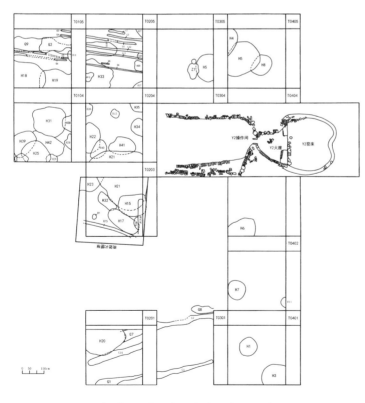

插图一　Ⅰ区金元窑址区总平面图

一、窑具

按用途分为支垫类、间隔具、匣钵类、试火器、试釉器、制瓷工具、窑炉构件等七大类。胎料可分为耐火土与瓷土两种，耐火土一般用于窑砖，而瓷土多用于产品和装烧具。

（一）支垫类

1. 窑柱

出土较多，主要功能是承托器物，避免器物直接接触窑床的耐火砂，辅助功能是作为砌筑窑炉的建筑构件。圆柱形，有长短、大小之分，无形制之别。耐火土制作，较粗。标本 Y2 ①：6（彩图一八：1）。

2. 支具

主要是钵形支具、盏状支具、"工"字形支具、喇叭口支具。

钵状支具，根据口沿唇部分为两型。

A 型，平沿，深腹。根据口沿外敞程度和底足变化分为三式。

Ⅰ式　口沿外侈，平底。标本Ⅱ H4：1（彩图一八：2）。

Ⅱ式　口沿外敞，平底。标本Ⅱ H1 ①：30（彩图一八：3）。

Ⅲ式　口沿微敞，平底内凹或隐圈足。标本 H5：52（彩图一八：4）。

B 型，卷沿，深腹，隐圈足或平底内凹。标本 H21：69（彩图一八：5）。

盏状支具，根据腹的深浅和足底变化分为三型。

A 型，深腹，平底内凹。数量适中。标本 H21：121（彩图一八：6）。

B 型，浅腹，平底内凹。数量最多。标本 H5：59（彩图一八：7）。

C 型，浅腹，平底内凹，底足中空。数量最少。标本 H21：11（彩图一八：8）。

"工"字形支具，出土数量不多，根据器物体形及平台的大小分为两型。

A 型，体形大，平台直径较大。标本 T0204 ⑥：10（彩图一八：9）。

B 型，体形小，平台直径较小。标本 H18：24（彩图一八：10）。

喇叭口支具，根据器底大小分为两型。

A 型，喇叭口较小，器下无外隆。标本Ⅱ TG4 ③：13（彩图一八：11）。

B 型，喇叭口较大，器下外隆起。标本 H5：55（彩图一八：12）。

3. 垫具

主要分为圆形垫饼、腰形垫饼和方形垫砖，由粗质胎料制成。

圆形垫饼，根据有无缺口分为三型。

A 型，周边有两个缺口，较厚，周边带釉。标本Ⅱ TG4H2：38（彩图一八：13）。

B 型，周边有一个缺口，较薄，无釉。标本Ⅱ TG4 ⑤：44（彩图一八：14）。

C 型，圆形无缺口，较薄。标本 T0204 ④：22（彩图一八：15）。

腰形垫饼，出土于Ⅱ区。根据弯曲程度分为两型。

A 型，腰形，有弧度。标本Ⅱ TG4 ⑨：5（彩图一九：1）。

B 型，近半圆形，标本ⅡTG4H3：14（彩图一九：2）。

方形垫砖，出土于Ⅰ区和Ⅱ区，正方形，较厚，有的施釉有的无釉。标本ⅡTG4⑤：11（彩图一九：3）。

（二）间隔具

有三叉支托、托珠、垫圈、填料。

三叉支托，主要出土于Ⅱ区，根据三叉的形状分为两型，主要用于支烧三彩器。

A 型，三叉有钉朝下。标本ⅡH1①：23（彩图一九：4）。

B 型，三叉无钉，叉上有脊。标本ⅡTG4③：14（彩图一九：5）。

托珠，主要出土于Ⅱ区，根据形状、大小分为四型。

A 型，泥点形。ⅡTG4⑫：4（彩图一九：6）。

B 型，长条形。ⅡH1⑤：3（彩图一九：7）。

C 型，圆锥形，用于烧三彩器。标本T0201③：6（彩图一九：8）。

D 型，四方锥形，用于烧三彩器。标本H42：21（彩图一九：9）。

垫圈，主要出土于Ⅱ区，Ⅰ区出土少量。圆圈形，主要用于三彩器。形状略有不同，圆形如ⅡH1④：2，圆形带支叉如H5：69（彩图一九：10、11）。

填料，窑工利用劣质胎料手捏而成，形制各异，多带有指纹，用于器物的间隔或支垫。标本T0104④：55、T0305②：2、T0203③：17、TG4⑤：49。（彩图一九：12~15）

（三）匣钵类

出土较少，Ⅰ区和Ⅱ区均有。根据口沿、器底不同及有无气孔分为四型。

A 型，直口，深腹，平底。标本ⅡH1⑩：5（彩图二〇：1）。

B 型，直口，深腹，平底，器底有孔。标本ⅡTG1①：2（彩图二〇：2）。

C 型，直口，卷沿，腹相对较浅，平底内凹。标本H21：151（彩图二〇：3）。

D 型，漏斗形匣钵。标本H23：1（彩图二〇：4）。

（四）试火器

又称火照、试火棒等。出土于Ⅰ区。圆锥状，一端带圆圈便于钩挂，一端尖。标本T0203②：132、H20③：20（彩图二〇：5、6）。

（五）试釉器

出土于Ⅰ区，数量较少，多数出土于一处灰坑。标本H36：6（彩图二〇：7），呈镰刀状，小端平直，大端处一面有两道凹槽，正面刻划两行文字"大元二年张立，张少五"，另一面有一道凹槽。脊背处施青釉，通体除脊背呈火石红色。

（六）制瓷工具

擂钵，出土于Ⅰ区，根据大小分为两型。

A型，体形较大。敞口，圆唇，弧腹，隐圈足。标本 TG2H4∶1（彩图二〇∶8）。

B型，体形较小。敞口，圆唇，弧腹，隐圈足。标本 H17∶90（彩图二〇∶9）。

支座，出土于Ⅰ区，数量少，仅5件。方形基座，四面坡顶，中间有臼。标本 T0104 ④∶99、T0204 ②∶17（彩图二〇∶10、11）。

碾轮，圆形，有中孔，出土较少。标本 Y2 ⑥∶1（彩图二〇∶12）。

另发现一个比较大的陶缸，推测是存放釉水的器具。

（七）窑炉构件

窑炉构件多是窑柱、窑砖等器物。其中窑柱的功能最多，可以砌筑窑室、操作间，也可以用于"炉栅"。窑砖基本都是很粗的胎料做成的耐火砖。

二、烧造技术

（一）匣钵装烧

在Ⅱ区发现的筒状匣钵主要装烧罐、瓶、碗、盘之类的器物，虽然没有发现匣钵盖，但从匣钵的口沿粘接物可以看到是有匣钵盖存在的。匣钵的底部粘有托珠或是垫饼痕迹，可以看出匣钵在垒烧的过程中并不是直接叠压在匣钵盖或是垫饼之上的，而是采用托珠间隔。在元代地层发现的一个匣钵口沿处粘有几个托珠。匣钵底部都有一个手指大小的孔，烧造的时候便于空气流通，减少窑内垂直温差，使器物充分与热流相接触，提高窑炉内热效率。如Ⅱ H1 ⑩∶5、TG1 ①∶2、H21∶151。漏斗形匣钵仅发现几件，说明使用量不大，且都在Ⅰ区发现，多是一钵一器。磁州窑的匣钵较多，类型丰富，烈山窑的匣钵与之有较多相似。

（二）支具支烧

主要是钵状支具、盏状支具、"工"字形支具等。

钵状支具发现较多，多数发现于Ⅰ区，Ⅱ区仅几件，且形制不同。在Ⅱ区发现的钵状支具主要是口朝下使用，与磁州窑的Ⅵ型2式支顶钵相似。有的顶部有托珠间隔，如Ⅱ H1 ①∶30；有的钵中腹部有小孔，如Ⅱ H4∶1。Ⅰ区发现的钵状支具都是口朝上支烧，支具与碗或盘直接接触支烧，如 H3∶7（彩图二一∶1）；有的钵上盖有小垫饼，如 H33：10（彩图二一：2），说明是逐层叠烧；有的钵底残留有釉质，如 H5：14、H5：56（彩图二一：3、4）。还有一种白釉钵是当作支具使用的，如 H21：153（彩图二一：5），口沿处有叠烧的黏结物。

盏状支具发现最多，集中分布于Ⅰ区，器形略有变化。与磁州窑的盏状支圈比较类似，使用时也是口朝上，直接与产品接触支烧。有的用于支烧碗或盏，如 H33：40（彩图二一：6）；有的用于支烧大型器物，像罐、瓶之类的产品，如 H21：32（彩图二一：7）。

"工"字形支具，Ⅰ区和Ⅱ区均有发现，存在大小之别，与支烧器物大小有关。与磁州窑同类支具有较多类似，如 T0204 ⑥：10、H18：24。

（三）支钉叠烧

烈山窑中发现一些支钉叠烧的现象，主要使用托珠、三叉形支托等器具。

托珠在磁州窑址中出现较多，分四种型式，主要是三角形、圆锥形、乳丁形、圆台形。而烈山窑发现的有三角形、四角形、圆锥形以及泥点形。主要集中在Ⅱ区，Ⅰ区发现极少，说明采用托珠是Ⅱ区主要的支烧方式之一，而Ⅰ区的金元时期基本不用托珠支烧。泥点形托珠有圆形和长条形两种，主要用于碗的支烧，一般使用 4~6 个托珠。三角形、四角形及圆锥形的托珠是低温素胎料，主要用于支烧低温彩釉陶，与磁州窑低温彩釉器的烧制略相似，如 TG4 ⑤：33、TG4H3：15（彩图二一：8、9）。

三叉形支托也主要集中在Ⅱ区分布，且都是低温黄釉或三彩胎料，如Ⅱ H1 ④：8（彩图二一：10）。主要用于支烧低温三彩器和彩釉器。与磁州窑的关系不大，多是受河南巩县窑的影响。

（四）支圈覆烧或垫饼覆烧

仅在Ⅰ区发现，只有几件，说明使用量较少。但证明在金元时期已采用支圈覆烧的技术，虽然比磁州窑的时代略晚。后随着涩圈叠烧的普及和装烧量的提高，这一技术逐渐不被采用。如 H21：126（彩图二一：11）。

在Ⅱ区宋代地层发现了垫饼覆烧的迹象，一块垫饼上残留几块覆烧瓷碗残片，如 TG4 ⑤：17、TG4 ⑤：44（彩图二一：12、13），可以看到反复使用的痕迹。垫饼也作为仰烧的支具使用。

（五）涩圈叠烧

涩圈叠烧技术是金元时期最流行的支烧技术，将器物底心釉药刮掉一圈来放置叠烧器物的圈足，器底内心有釉，相叠处无釉，成为涩圈。定窑在唐代晚期或五代开始出现涩圈叠烧技术，在金元时期开始流行，磁州窑深受影响，也开始流行涩圈叠烧，并迅速在全国普及。烈山窑的涩圈叠烧技术主要是在Ⅰ区发现，主要是白釉和青釉碗、盏等。属于裸烧，有的盏外有火石红的烤痕。涩圈盏的数量较多，说明这种技术占据主流。如H17∶60、H17∶114（彩图二一∶14、15）。

（六）对口套烧

也称"扣烧"，主要用于盆类或罐类器物，该类器物口沿及唇部较厚，能够承托扣烧器身的重量，防止变形，且口沿无釉，避免两两相扣时器物粘连。盆内放置碗，如H21∶132（彩图二一∶16）；或罐内有盏，如T0203②∶4（彩图二一∶17）。

（七）垫砖堆烧

主要是垫砖和窑柱结合在一起使用，四根窑柱和一块垫砖层累堆烧，可以垒筑若干层，中间排放器物，提高了装烧量。在Ⅰ区和Ⅱ区均有发现，说明这种技术一直沿用。如H1⑫∶3（彩图二一∶18）。

三、发展与演变

烈山窑址存续时间比较长，根据发现的窑具和产品分为五期：

第一期为唐代晚期到五代。出土遗物较少，窑具主要是托珠、窑柱、垫饼。托珠使用量比较大，钉痕以三个和五个为主。出现满施化妆土的现象。器底以大宽圈足和饼底为主。

第二期为北宋早期。窑具主要为托珠、垫饼、垫砖、窑柱、匣钵，以托珠和腰形垫饼为主，三叉形支托开始出现，数量少且主要用于支烧三彩器和彩釉器。装烧方式分密闭烧和裸烧，多数属于裸烧，窑柱、垫砖配合支烧。托珠叠烧器物，主要是碗、盏，装烧量大。腰形垫饼主要用于大型器具，少量用于支垫碗。匣钵装烧。古代烧瓷主要使用木柴，会产生大量烟尘，器物在窑内直接接触火焰，受窑内烟火熏染，容易出现釉面不匀、沾染烟灰窑渣的情况，所以会把瓷坯装在匣钵里面，隔绝明焰。器物主要为饼足、玉璧底、宽圈足和圈足。碗内托珠痕迹有四到六点，少量有七点，以四点为主，有圆点形和长条形，有的支痕较大。器物多数施化妆土，三彩器和低温彩釉器比较多。瓷质黄釉印花大砖（建筑构件）开始出现。

第三期为北宋晚期。腰形垫饼开始减少，匣钵、垫砖、三叉形支托依然存在，托珠依然很多，喇叭形支具开始出现，并且与三叉形支托结合使用。仍然以化妆土白釉为主。出现黄釉瓷盏，印花大砖（建筑构件）依然存在。

第四期为金代晚期到元代早期时期。窑具主要是窑柱、垫砖、钵状支具和盏状支具。

窑柱垫砖支烧仍然流行，开始出现钵状支具和盏状支具支烧。褐彩器开始流行。

第五期为元代晚期。钵状支具、盏状支具大量使用，且都用于支烧碗、罐类器物。涩圈叠烧占主流装烧方式。白釉盏和碗数量增加，白釉褐彩器增多。酱釉盘及青釉盏数量也开始变多。叠烧法分两种，即涩圈叠烧和泥点支钉叠烧。涩圈叠烧用于制作较粗糙器物，数量较多；泥点支钉叠烧则用于制作较为精细的，如带有划花、剔花等装饰的器物。支钉数量为 4~5 枚，支点很小。器物主要为圈足。

四、结语

烈山窑址在早期主要生产仿定窑或磁州窑的粗白瓷，多数施有化妆土来美化瓷器，同时还生产三彩瓷器、低温绿釉瓷器、低温黄釉瓷器等。到了北宋时期，除白釉瓷器依然流行之外，出现了一种高温钙釉的印花大砖（建筑构件）。这种印花大砖多用于高等级的建筑，如广州南汉国宫殿遗址中黄釉和褐釉印花地砖[1]，辽代皇族耶律羽之墓出土的绿釉琉璃印花大砖[2]。

金元时期烈山窑更加繁荣，出现大量白釉涩圈盏、碗以及白釉褐彩瓷器。窑址出土一些彩绘文字的瓷器，从文字上可以判断是供给官府和寺院的瓷器。如彩绘"公用"字样的青釉罐口沿残片、刻划有"丘大人"字样的罐残片，表明存在官府定烧的产品。另外还出土许多特供给佛教寺院俑的器物，如彩绘文字"华严寺""祐德观""金刚会""清净会"等瓷器，与寺院用器有很大关系。这是烈山窑址一大特色。

烈山窑与定窑之间有密切的关系。叶麟趾在多次考察定窑后认为：土定有瓦胎、陶胎二种，瓦胎为淡赤色之土质，陶胎为白土质而略黄，质皆松，其体较厚，亦有薄者。釉色白中闪黄，或闪赤，容易剥落，或有大开片，是为定窑本态，即其原始之物也。白定或粉定，乃土定之进步者，有陶胎、瓷胎（亦白土质）之别（亦有瓦胎者），胎质致密而体薄，其色白而略黄，或略灰，釉色有纯白如牛乳者（或称干白色）。[3] 而烈山窑的一些产品体现了"土定"的特点，如黄褐胎、胎质疏松、釉色白中闪黄。烈山窑北宋白釉瓷器采用了覆烧技术，而覆烧技术是定窑创烧的，说明烈山窑受到了北方窑系的影响。金元时期烈山窑的涩圈支烧技术同样是来自定窑。

烈山窑与巩县窑的关系也比较密切。宋代三彩产品是烈山窑址考古的重大发现之一。三彩器起源于唐代早期，俗称"唐三彩"。唐三彩是一种多色彩的低温釉陶器，它以细腻的白色黏土作胎料，用含铅的氧化物作助溶剂（目的是降低釉料的熔融温度），在烧制过程中将含铜、铁、钴等元素的金属氧化物作为着色剂融于铅釉中，形成黄、绿、蓝、

［1］南越王宫博物馆：《南越国宫署遗址——岭南两千年中心地》，广东人民出版社，2010 年。
［2］内蒙古文物考古研究所、赤峰市博物馆等：《辽耶律羽之墓发掘简报》，《文物》1996 年第 1 期。
［3］叶麟趾、锡碬：《古今中外陶瓷汇编》，1934 年。

白、紫、褐等多种釉色，但烧成的器物多以黄、绿、白三彩为主，甚至有的器物只具有上述色彩中的一种或两种。烧制唐三彩的窑址主要是陕西铜川耀州窑、陕西醴泉坊窑、山西浑源窑、河北西关窑与河南巩义大、小黄冶窑。到了宋代，烧制宋三彩的瓷窑址数量增多，分布范围较广，主要分布在河北、河南、陕西、四川、山东等地。[1]上述烧造宋三彩的瓷窑址均经过考古调查确认，但没有经过考古发掘。烈山窑址是经过科学考古发掘确认的烧造宋三彩的瓷窑址，所使用的窑炉规格也比较大。在一些素烧瓷片上发现类似"巩县朱""县朱""巩"等残缺的字样，这些文字信息都指向了河南巩县。巩县作为重要的唐三彩烧造地，其三彩器烧造技术一直延续到宋代，如芝田三彩窑[2]。烈山窑烧造三彩器的技术应该是来源于巩县窑，很可能是巩县的窑工来到淮北地区，发展了当地三彩瓷器烧造技术。

烈山窑生产的白釉黑褐彩器和施化妆土的瓷器制作技术应是受到了磁州窑的影响。白釉黑褐彩是磁州窑创烧的装饰技术，且分布范围尤其广泛，北到内蒙古地区、南到广东地区均有发现，[3]烈山窑址也同样受其影响。

在北瓷南传的过程中，北方白瓷对安徽境内的窑业有着重要的影响，推动了安徽地区白瓷的发展。[4]近年萧县欧盘窑、白土窑的相继发掘，丰富了皖北瓷窑业的文化面貌，烈山窑的发现更加体现了皖北制瓷业的重要性。烈山窑址生产的大量白瓷、白釉黑褐彩瓷，为我们提供了一条明晰的白瓷自北向南传播的瓷器生产技术线路。

［1］孙新民：《综论宋三彩》，《中原文物》1998 年第 3 期。

［2］孙宪国、孙角云：《巩义市芝田宋三彩窑址调查》，《中原文物》1992 年第 4 期。

［3］北京大学考古系、河北省文物研究所、邯郸地区文物保管所等：《观台磁州窑址》，文物出版社，1997 年。

［4］周高亮：《"南青北白"制瓷格局对安徽境内古陶瓷的影响》，《中原文物》2017 年第 3 期。

龙泉窑双面刻划花工艺的流布及相关问题 *

谢西营

（浙江省文物考古研究所）

一、龙泉窑双面刻划花工艺特征及流行时代

双面刻划花是龙泉窑装饰工艺中一类具有鲜明特色和时代风格的纹样类型，该类纹样主要装饰于碗盘类器物的内底、内腹和外腹，其中内底及内腹部饰以刻划花，外腹部饰以折扇纹或内填以篦划纹的莲瓣纹，该类工艺俗称"双面工"。[1][2]

2012~2014 年，为弄清龙泉窑窑业分布及发展脉络，浙江省文物考古研究所与龙泉青瓷博物馆联合对龙泉大窑、金村、石隆、溪口和东区等片区窑址进行了主动性考古调查，并选取个别典型窑址进行了小范围试掘[1]。其中金村大窑犇窑址点（Y22）、金村后岙窑址点（Y17）和大窑瓦窑坑窑址点（Y38）的试掘地层中存在双面刻划花青瓷，且具有明显时代差异，大致可以分为三个阶段。

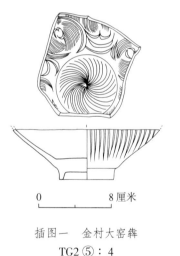

0 ——— 8 厘米

插图一 金村大窑犇
TG2 ⑤：4

第一阶段，以金村大窑犇（Y22）TG2 第⑥、⑤层为代表。双面刻划花技法广泛见于碗盘类器物的内底、内腹和外腹部，其中内底及内腹部饰以刻划花，题材多样，以内腹花卉纹或团菊纹（彩图二二：1）、内心菊瓣纹最具特色，外腹部饰以细密的折扇纹（插图一）。除主体纹样外，内腹部还以篦划纹和篦点纹作为地纹，其中以篦划纹为主（彩图二二：2），篦点纹少见。纹样层次分明，主次清晰。地层中出土的碗类标本（TG2 ⑤：3、4、5、9）与松阳北

---

* 本项研究为国家社科基金青年项目"浙江慈溪上林湖后司岙窑址发掘资料整理与研究"（项目批准号：19CKG013）成果之一。

[1] 浙江省文物考古研究所、龙泉青瓷博物馆：《浙江龙泉金村青瓷窑址调查简报》，《文物》2018年第5期。

宋墓[1]以及江苏溧阳竹箦镇北宋李彬夫妇墓[2]出土碗的形制和纹样装饰一致。其中松阳北宋墓出土漆器和青白瓷器物上有"癸酉"（1093 年）、"丁巳"（1077 年）和"辛未"（1091 年）纪年，由李彬夫妇墓出土墓志可知墓主葬于元祐六年（1091 年）。故而推断第一阶段年代约为北宋熙宁十年（1077 年）至元祐八年（1093 年）。

第二阶段，以金村大窑犇（Y22）TG2 第④、③层为代表。双面刻划花技法仍然大量流行，与第一阶段相比，前一期内腹部花卉纹于这一阶段趋于简化，地纹以篦点纹为主（插图二），篦划纹少见。外腹部仍为较细密的折扇纹。地层中出土的直口杯（标本 TG2 ④：21）与江苏镇江登云山北宋政和三年（1113 年）冲照大师墓[3]出土青釉杯形制相同。故而推断第二阶段年代约为北宋政和年间。

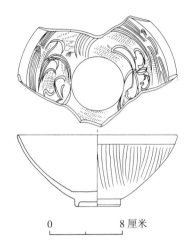

0 ————— 8 厘米

插图二　金村大窑犇 TG2 ③：9

第三阶段，以金村后呇（Y17）TG1 第⑤、④、③层和大窑瓦窑坑（Y38）第⑥层为代表。双面刻划花技法仍然流行，与前一阶段相比，无论是内腹还是外腹部的纹样装饰均呈现出粗疏倾向。内腹流行粗疏刻划花，以莲荷纹和蕉叶纹最为多见；外腹流行粗疏折扇纹或内填以篦纹的莲瓣纹，布局较为稀疏、随意（彩图二二：3）。双面刻划花器物所占比例减少，内腹单面刻划花器物所占比例急剧增加，并出现少量内外光素无纹的器物。其中大窑瓦窑坑（Y38）窑址第⑥层出土一件盏托，内壁刻划有"绍兴十三年癸亥九月"（1143年）字款（彩图二二：4）。故而推断第三阶段年代约为南宋早期。

综上所述，龙泉窑双面刻划花器物流行时代应该为北宋晚期至南宋早期。

二、龙泉窑双面刻划花工艺的流布范围

（一）浙江地区

1. 龙泉窑核心分布地区

按照窑址分布情况，龙泉窑核心分布地区可分为两区，即南区和东区。其中龙泉南区包括金村（包括庆元上垟）、大窑、溪口、石隆和小梅镇五个片区；龙泉东区包括紧水滩水电站坝址所在的云和县龙门乡紧水滩以上，至龙泉市区以东 6 千米的梧桐口村。

［1］宋子军、刘鼎：《浙江松阳宋墓出土瓷器》，《文物》2015 年第 7 期。
［2］镇江市博物馆、溧阳县文化馆：《江苏溧阳竹箦北宋李彬夫妇墓》，《文物》1980 年第 5 期。
［3］刘丽文、余甦野：《镇江出土龙泉窑瓷器研究》，中国古陶瓷学会编《龙泉窑研究》，故宫出版社，2011 年。

结合早期调查和近期考古勘探资料，目前已知存在双面刻划花青瓷产品的窑址主要分布在龙泉南区的金村、大窑、石隆和龙泉东区。

金村片区已探明的该类窑址有20处，分布在下坑屋后、谷岩沿岗、屋后山、溪东、下会、后岙、大窑犇和庆元上垟一带，窑址点编号为Y2、Y3、Y7、Y13、Y14（彩图二二：5）、Y15、Y16、Y17、Y19、Y20（彩图二二：6）、Y21、Y22、Y23、Y24（彩图二二：7）、Y25、Y27、Y31、Y118、Y121和Y125（彩图二二：8）等。

大窑片区该类窑址数据不明，窑址点分布较为广泛，大窑岙底四周均有该类窑址，包括荒田、大湾、亭后、瓦窑坑、枫洞岩、山头埕和杉树连山等多处窑址点。[1]

石隆片区已探明的该类窑址有8处，主要分布在石隆水库边缘地带，窑址点分别为Y1、Y2（彩图二二：9）、Y3（彩图二二：10）、Y4、Y5、Y5-1、Y6和Y7等。

龙泉东区该类窑址数据不明，这一区域共有宋代窑址22处，分布在垟岙岗、上严儿、金钟湾、碗坂山、笔架山村、项户村、安福村、寺口村、入窑湾、洋桥头等地，其中明确存在双面刻划花工艺的窑址点有5处，分别为BY22、BY13（彩图二三：1）、BY15（彩图二三：2）、BY24、BY25。[2]

2. 龙泉窑外围分布地区

在上述龙泉窑核心分布区之外，浙江境内存在双面刻划花青瓷产品的地区还有地处瓯江流域[3]的温州西山窑址[4]、苍南大星垟窑址、小星垟窑址、乐清瑶岙[5]、青田万埠乡窑址[6]，地处鳌江流域的泰顺玉塔窑[7]，地处钱塘江流域的金华铁店窑址[8]、古方窑岗山、大垅窑址、瓦叶山窑址、窑瓶湾窑址、东屏村窑址群、厚大庄窑址[9]、武义水碓周窑址[10]、蜈蚣山窑址、黄茅山窑址[11]、抱弄口窑址[12]、江山碗窑坝头窑

[1] 郑建明：《北宋晚期龙泉窑渊源略论》，《北宋龙泉窑纵论》，文物出版社，2018年。

[2] 浙江省文物考古研究所：《龙泉东区窑址发掘报告》，文物出版社，2005年。

[3] 以下对于诸窑址的分布情况将按照流域进行梳理，该方法参考：董健丽《宋代浙江和福建地区的青釉双面刻划花碗》，《故宫学刊·总第七辑》，紫禁城出版社，2011年；董健丽《论浙江和福建的珠光青瓷》，《东方博物·第三十八辑》，浙江大学出版社，2011年。

[4] 张翔：《温州西山窑的时代及其与东瓯窑的关系》，《考古》1962年第10期。

[5] 王同军：《浙江温州青瓷窑址调查》，《考古》1993年第9期。

[6] 郑建明：《北宋晚期龙泉窑渊源略论》，《北宋龙泉窑纵论》，文物出版社，2018年。

[7] 浙江省考古所、温州地市文管会：《浙江泰顺玉塔古窑址的调查与发掘》，《考古学集刊·第1集》，中国社会科学出版社，1981年。

[8] 郑建明：《北宋晚期龙泉窑渊源略论》，《北宋龙泉窑纵论》，文物出版社，2018年。

[9] 张翔：《浙江金华青瓷窑址调查》，《考古》1965年第5期。

[10] 浙江省文物考古研究所等：《武义陈大塘坑婺州窑址》，文物出版社，2014年。

[11] 李知宴：《浙江武义发现三处古窑址》，《中国古代窑址调查发掘报告集》，文物出版社，1984年。

[12] 杜志政：《同安窑系——珠光青瓷》，厦门大学出版社，2017年。

址[1]、义乌碗窑山窑址[2]、建德大白山窑址[3]、嵊州缸窑背窑址[4]，地处椒 江流域的黄岩沙埠镇竹家岭窑址（彩图二三：3、4）、凤凰山窑址、下山头窑址、窑坦窑址、瓦瓷窑窑址、下余窑址、金家岙堂窑址和牌坊山窑址[5]等。

（二）福建地区

福建境内该类双面刻划花青瓷窑址分布极广，已有相关学者对此进行过专门论述[6]。据不完全统计，该类窑址有地处闽江流域的浦城县碗窑背窑址[7]、半路窑址[8]、武夷山遇林亭窑址[9]、松溪县回场窑址[10]、西门窑址[11]和九龙窑址（彩图二三：5）、建阳芦花坪[12]、福安市首洋窑[13]、霞浦栏九岗、坑头厝和下楼窑[14]、顺昌县河墩窑[15]、南平茶洋大岭干窑址[16]、罗源县八井窑[17]、连江浦口窑址和魁岐窑址[18]、闽侯

[1] 浙江省文物考古研究所等：《江山碗窑窑址发掘报告》，《浙江省文物考古研究所学刊》，长征出版社，1997年。

[2] 杜志政：《同安窑系——珠光青瓷》，厦门大学出版社，2017年。

[3] 郑建明：《北宋晚期龙泉窑渊源略论》，《北宋龙泉窑纵论》，文物出版社，2018年。

[4] 浙江省文物考古研究所发掘资料。

[5] 浙江省文物考古研究所调查资料。

[6] 庄为玑：《浙江龙泉和福建的"土龙泉"》，《中国考古学会第三次年会论文集》，文物出版社，1981年；林忠干、张文崟：《同安窑系青瓷的初步研究》，《东南文化》1990年第5期；冯先铭、冯小琦：《宋龙泉窑瓷器及其仿品》，《收藏家》1997年6期；栗建安：《福建仿龙泉青瓷的几个问题》，《东方博物·第三辑》，杭州大学出版社，1999年；羊泽林：《福建宋元青瓷生产及相关问题的初步探讨》，《东方博物·第六十辑》，西泠印社，2016年；栗建安：《宋元时期福建北部的青瓷及相关问题》，《北宋龙泉窑纵论》，文物出版社，2018年。

[7] 林登翔、严惠芳、丘家炳：《浦城宋代窑址》，《文物》1959年第6期；林忠干、赵洪章：《福建浦城宋元瓷窑考察》，冯先铭主编《中国古陶瓷研究·第二辑》，故宫博物院紫禁城出版社，1988年。

[8] 陈寅龙、朱煜光：《略论福建松浦古窑产品的类型与特点》，《福建文博》1996年第2期。

[9] 福建省博物馆：《武夷山遇林亭窑址发掘报告》，《福建文博》2000年第2期。

[10] 肖名俊、杨苍：《松溪县宋代窑址》，《文物》1959年第6期；福建省博物馆：《福建松溪县垌场北宋窑址试掘简报》，《考古学集刊·第2集》，中国社会科学出版社，1982年。

[11] 羊泽林、杨敬伟：《福建松溪县西门窑发掘收获》，《东方博物·第六十四辑》，中国书店，2017年。

[12] 叶文程：《"建窑"初探》，《中国古代外销瓷研究论文集》，紫禁城出版社，1988年。

[13] 杜志政：《同安窑系——珠光青瓷》，厦门大学出版社，2017年。

[14] 福建省博物馆：《霞浦崇儒坑头厝、栏九岗窑址调查》，《福建文博》2002年第1期；杜志政：《同安窑系——珠光青瓷》，厦门大学出版社，2017年。

[15] 杜志政：《同安窑系——珠光青瓷》，厦门大学出版社，2017年。

[16] 福建省博物馆：《南平茶洋窑址1995~1996年度发掘简报》，《福建文博》2000年第2期。

[17] 杜志政：《同安窑系——珠光青瓷》，厦门大学出版社，2017年。

[18] 宋伯胤：《连江县的两个古瓷窑》，《文物》1958年第2期；杜志政：《同安窑系——珠光青瓷》，厦门大学出版社，2017年。

县大义窑[1]、福州市宦溪窑[2]、福清东张半岭窑址、碗原窑址、岭下窑址和石坑窑址群（含厝后山、宫后山、石马头山3处窑址点）[3]，地处九龙江流域的莆田县庄边窑址[4]、南安南坑窑、石壁窑、荆坑窑、高塘窑（含白扩山、平路头、高塘等窑址点）、深辉窑[5]、晋江磁灶窑址[6]、同安县汀溪乡许坑窑址[7]和同安窑址[8]、长泰县碗盒山窑[9]、厦门海沧困瑶窑址、上瑶窑址和东瑶窑址[10]、漳浦县英山窑址、赤土窑址、竹树窑址和南山窑址[11]、东山县磁窑窑址[12]等。

（三）年代与差异

就目前资料显示，地处浙江地区龙泉窑核心区的金村片区（含庆元上垟一带）双面刻划花青瓷的年代涵盖上述三个阶段；龙泉大窑片区少量器物年代上限可达第一阶段，延续至第三阶段；石隆片区和东区双面刻划花青瓷的年代涵盖第二、三阶段，其中龙泉东区的金钟湾窑址（BY22）和碗坂山窑址（BY24）年代可达北宋晚期，其余地点如上段窑址（BY13）、对门山窑址（BY15）和BY25年代为南宋早期[13]。地处浙江地区龙泉窑外围地区的黄岩沙埠青瓷窑址群时代最早可达第一阶段，并延续至第二、三阶段；

[1]杜志政：《同安窑系——珠光青瓷》，厦门大学出版社，2017年。

[2]杜志政：《同安窑系——珠光青瓷》，厦门大学出版社，2017年。

[3]福建省文物管理委员会：《福清县东门水库古窑调查简况》，《文物》1958年第2期；许清泉：《福清东张两处宋代窑址》，《文物》1959年第6期；福州市博物馆等：《福清东张两处窑址调查》，《福建文博》1998年第2期；杜志政：《同安窑系——珠光青瓷》，厦门大学出版社，2017年。

[4]李辉柄：《莆田窑址初探》，《文物》1979年第12期；柯凤梅、陈豪：《福建莆田古窑址》，《考古》1995年第7期。

[5]杨小川：《南安市篦点划花青瓷介述》，《福建文博》1996年第2期；杜志政：《同安窑系——珠光青瓷》，厦门大学出版社，2017年。

[6]福建省博物馆：《磁灶土尾庵窑发掘简报》，《福建文博》2000年第1期；福建博物院、晋江博物馆：《磁灶窑址》，科学出版社，2011年；杜志政：《同安窑系——珠光青瓷》，厦门大学出版社，2017年。

[7]黄汉杰：《同安宋代窑址》，《文物》1959年第6期。

[8]李辉柄：《福建省同安窑调查纪略》，《文物》1974年第11期；中国硅酸盐学会编：《中国陶瓷史》，文物出版社，1982年。

[9]杜志政：《同安窑系——珠光青瓷》，厦门大学出版社，2017年。

[10]郑东：《厦门宋元窑址调查及研究》，《东南文化》1999年第3期；杜志政：《同安窑系——珠光青瓷》，厦门大学出版社，2017年。

[11]福建省博物馆：《福建漳浦县古窑址调查》，《考古》1987年第2期；王文径：《福建漳浦县赤土古窑址调查》，《考古》1993年第3期；王文径：《漳浦窑》，福建美术出版社，2005年；杜志政：《同安窑系——珠光青瓷》，厦门大学出版社，2017年。

[12]杜志政：《同安窑系——珠光青瓷》，厦门大学出版社，2017年。

[13]浙江省文物考古研究所：《龙泉东区窑址发掘报告》，文物出版社，2005年。

地处浙江地区龙泉窑外围地区的武义抱弄口、泰顺玉塔、江山碗窑坝头、温州大星垟、青田县万埠乡等窑址时代涵盖第二、三阶段，其余地点仅可至第三阶段，乃至更晚时期。地处福建地区的松溪窑址、同安汀溪窑址和南安南坑窑址时代可涵盖第二、三阶段，其余地点仅可至第三阶段，乃至更晚时期。

从装烧工艺来看，浙江地区龙泉窑核心区窑址均采用外底不施釉、泥饼垫烧（彩图二三：6）、单件装烧和 M 形匣钵；龙泉窑外围金华地区的古方窑岗山窑址、武义县蜈蚣山窑址和黄茅山窑址存在叠烧工艺，沙埠地区则采用外底满釉、垫圈垫烧（彩图二三：7）、单件装烧和 M 形匣钵，其他地区均与龙泉窑核心区一致。福建地区采用外底不施釉、泥饼垫烧（彩图二三：8）、单件装烧或叠烧（彩图二三：9）、M 形匣钵或漏斗形匣钵。

从装饰技法来看，上述诸窑址于第二阶段均与核心区面貌较为一致，内外腹皆满工，纹样密集，箆点纹作为地纹；于第三阶段则与核心区差异较大，纹样布局较为舒朗，外腹折扇纹呈现出不同的布局——多为成组分布，以三至六道直条纹为一组，等距布置。

三、龙泉窑双面刻划花工艺来源及相关问题

对于龙泉窑双面刻划花工艺来源，任世龙先生认为："龙泉窑与前期在风格上有所转变，烧造这类双面刻划，纹样繁缛的产品，就是在全国瓷业中风行的装饰特点，同时期各地的青瓷窑场竞相烧造。浙江台州地区的黄岩沙埠窑址，它的产品与耀州窑的器物如出一辙。和龙泉地域上相邻的福建省的漳浦、松溪等窑场，包括地理位置上相距很远湖北省境内的土地堂窑、梁子湖窑等，都烧造相互类似的产品。这是龙泉窑的过渡阶段，它更多的是为顺应商品经济发展，吸收外来瓷业的制瓷技术和烧瓷技术，根据市场的需求，对外来的产品进行吸纳和创新。"[1] 郑建明先生则认为："龙泉窑斜刀的装饰技法以及装饰内容、装饰布局等在耀州窑中可以找到许多相似性，如碗盘器物外腹流行折扇纹、内腹多朵等距布局缠枝菊瓣纹等……目前两者的交流路径仍旧不十分清晰，但从耀州窑北宋时期的延续性与龙泉窑北宋时期的断裂性来看，耀州窑影响龙泉窑的可能性较大。"[2] 总体来看，两位学者均将该类工艺特征归于外来因素。

2013~2014 年浙江省文物考古研究所联合龙泉青瓷博物馆对龙泉窑金村片区进行了系统调查，并选取部分窑址进行了试掘。试掘结果显示，龙泉窑瓷业生产始于北宋中期，早期阶段产品俗称为淡青釉产品，该类产品仅存在于龙泉金村片区，并可分为早晚两个

[1] 任世龙、汤苏婴：《中国古代名窑系列丛书：龙泉窑》，江西美术出版社，2016 年。

[2] 郑建明：《北宋晚期龙泉窑渊源略论》，《北宋龙泉窑纵论》，文物出版社，2018 年。

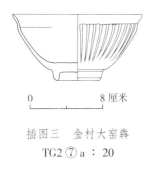

0　　　　8厘米

插图三　金村大窑犇
TG2 ⑦ a：20

阶段[1]。其中类似外腹折扇纹的器物在淡青釉产品晚期阶段就已经少量出现（插图三；彩图二三：10）。[2]类似器物目前仅见两例，包括庆元县廊桥博物馆藏敞口碗[3]和前述龙泉金村大窑犇 TG2 出土的敞口碗（TG2 ⑦ a：20）[4]。前者外口沿下弦纹一圈，下满饰折扇纹；内口沿下弦纹双圈，下满饰折枝花卉纹，填以篦纹；内心弦纹一圈，内饰六片草叶纹，填以篦纹；通体施釉，外底部有垫圈支烧痕迹。后者外口沿下弦纹一圈，下饰折扇纹；内腹弦纹一圈；内心弦纹一圈，内素面；通体施釉，唯外底部露胎无釉，应为垫饼垫烧。

由上可见，该类双面刻划花工艺在龙泉窑金村地区存在一定的工艺基础与渊源，时代可早至北宋中期晚段。据不完全统计，目前该类双面刻划花工艺除在龙泉窑窑址有广泛分布外，在江西景德镇湘湖、柳家湾、南市街等青白瓷窑址以及陕西铜川耀州窑址都有分布。[5]限于材料，我们尚不能完全明确该类产品与景德镇青白瓷窑、耀州窑等窑口同类产品的年代早晚与技术传播关系。但是为何双面刻划花工艺在龙泉窑窑址中于北宋晚期突然成规模出现，并于两宋之际达于顶峰，且流布范围除龙泉窑核心区外亦广泛存在于浙江其他地区和福建地区，是值得我们深思的。

目前我们仅能对双面刻划花青瓷工艺的分布进行粗线条勾勒。就考古资料来看，双面刻划花工艺时代能早至第一阶段的窑区仅有龙泉金村、大窑地区；至第二阶段，浙江龙泉石隆、东区、武义抱弄口、泰顺玉塔、江山碗窑坝头、温州大星垟、青田县万埠乡和福建松溪、同安汀溪、南安南坑等窑址点也开始出现；至第三阶段，窑址点继续激增，并达到最大规模。鉴于窑业技术传播的不平衡性，许多地区在第三阶段之后仍然继续生产。除上述窑区之外，黄岩沙埠窑址群也是值得我们关注的一个重点地区。据近期调查资料显示，该区部分双面刻划花产品时代可早至第一阶段，并一直延续到第二、三阶段。目前我们正在对沙埠窑址群中的竹家岭窑址进行正式考古发掘工作，希望以明确的层位关系确认该类产品的年代。

［1］谢西营：《龙泉窑早期淡青釉瓷器初步研究》，《中国古代瓷窑大系：中国龙泉窑》，华侨出版社，2015 年。
［2］浙江省文物考古研究所、龙泉青瓷博物馆：《浙江龙泉金村青瓷窑址调查简报》，《文物》2018年第 5 期。
［3］吴魏魏、陈化成：《庆元县廊桥博物馆藏北宋龙泉窑瓷器概述》，《北宋龙泉窑纵论》，文物出版社，2018 年。
［4］浙江省文物考古研究所、龙泉青瓷博物馆：《浙江龙泉金村青瓷窑址调查简报》，《文物》2018年第 5 期。
［5］秦大树、麦溥泰、高宪平：《闲事与雅器：泰华古轩藏宋元珍品》，文物出版社，2019 年。

除此之外，我们在对上述材料进行梳理的过程中发现，该类双面刻划花工艺的流布在三个阶段存在动态传播的过程，即存在窑业技术传播至某处之后，再在此基础上向外不断扩散的态势。这一现象在福建地区表现格外明显。地处闽江流域的窑址明确为第二阶段的仅有松溪窑址，地处飞龙江流域的窑址明确为第二阶段的仅有同安汀溪窑址和南安南坑窑址，但到第三阶段，上述两个流域内生产该类双面刻划花产品的窑址激增，达到顶峰。此现象或许对于我们今后探索窑业技术传播诸问题提供新的启示。

四、结语

综上所述，龙泉窑双面刻划花工艺流行于北宋晚期至南宋早期，并可明确分为三个阶段。该类工艺不仅存在于龙泉窑核心分布地区，包括龙泉金村、大窑、石隆和东区四个片区，还广泛存在于龙泉窑外围区域，包括浙江地区的温州、苍南、乐清、青田、泰顺、金华、武义、江山、义乌、建德、嵊州和黄岩等地，以及福建地区的浦城、武夷山、松溪、建阳、福安、霞浦、顺昌、南平、罗源、连江、闽侯、福州、福清、莆田、南安、晋江、同安、长泰、厦门、漳浦和东山等地。结合龙泉窑核心区的三个阶段，在上述区域内双面刻划花工艺并不是一直存在的，而是有其动态发展过程。双面刻划花工艺于第一阶段仅限于龙泉金村、大窑和沙埠地区，于第二阶段扩展至龙泉石隆、东区及武义、泰顺、江山、温州、青田和福建地区的松溪、同安、南安等地，至第三阶段遍布上述提及的诸多地域，达到最大规模。至于双面刻划花工艺的渊源，其在龙泉窑核心地区存在一定的工艺基础，但对于该类工艺为何在北宋晚期突然兴起并大量流行，以及其传播路径等问题，则有待于今后系统的考古工作来解答。

论宋元时期龙泉窑对湖南制瓷技术的影响

杨宁波

（湖南省文物考古研究所）

龙泉窑是宋代以后南方生产青瓷的典型窑场，元代达到极盛，产品广销西亚、东南亚等地，伴随着产品输出的还有技术输出，海外有不少仿龙泉的窑场，在国内更是如此，形成了庞大的"龙泉窑系"，堪称"天下龙泉"。[1] 湖南省内曾发现多处龙泉窑青瓷窖藏，经过考古调查也发现了几处宋元时期仿烧龙泉窑青瓷的窑址，[2] 但这些窑址并非从一开始就仿烧龙泉青瓷，而是经历了一个发展过程。对于湖南仿龙泉窑产品始于何时，龙泉窑对湖南窑业技术产生了什么样的影响，以往囿于考古发掘材料的匮乏，鲜有涉及。2013~2014 年，湖南省文物考古研究所与益阳市文物管理处等单位对益阳羊舞岭瓦渣仑窑址进行抢救性考古发掘，揭示了羊舞岭窑从南宋晚期主烧青白瓷至元代中后期向仿烧龙泉青瓷转变的过程，为我们探讨以上问题提供了基础材料。本文拟结合已公布的材料[3]，对湖南仿龙泉窑青瓷出现的时代、历史背景以及龙泉窑对湖南制瓷技术的影响等问题做初步探讨。

一、湖南出土的龙泉窑青瓷

据不完全统计，目前湖南出土龙泉窑青瓷的地点主要有以下几处：

1953 年，湖南岳阳南津港一处建筑工地发现一座宋代墓葬，出土龙泉窑青瓷瓶和

[1] 王光尧、沈琼华：《天下龙泉——龙泉青瓷与全球化》，《故宫博物院院刊》2019 年第 7 期；沈岳明：《河滨遗范 天下龙泉》，《世界遗产》2016 年第 6 期。

[2] 周世荣：《略谈湖南元明清陶瓷》，《景德镇陶瓷》1984 年第 S1 期，文中称羊舞岭窑早期影青瓷胎色厚重，釉色青绿，较厚，其纯净莹洁如玉，如宝石，类似龙泉青瓷；周世荣、张中一、盛定国：《湖南古窑址调查之——青瓷》，《考古》1984 年第 10 期，该文提到益阳羊舞岭珠玻塘窑址的仿龙泉窑青瓷；湖南省文物考古研究所、益阳市文物管理处：《湖南益阳羊舞岭窑址群调查报告》，《湖南考古辑刊·第 8 集》，岳麓书社，2008 年。

[3] 湖南省文物考古研究所、益阳市文物管理处：《湖南益阳羊舞岭瓦渣仑窑址Ⅱ区发掘简报》，《湖南考古辑刊·第 11 集》，科学出版社，2015 年。

青瓷葫芦形瓶。[1]

1954 年，湖南郴州市桂阳县东门外距地表 2 米深处发现两个大陶坛，窖藏宋元之际的瓷器 43 件，除 1 件白瓷执壶外，其余均为龙泉窑青瓷。[2]

1966 年，湖南临湘市陆城南宋末年墓葬出土龙泉窑青瓷盘口长颈瓶、莲瓣纹碗等。[3]

1974 年，湖南澧县梦溪河乡有河村发现一处龙泉窑青瓷窖藏。[4]

1984 年，湖南澧县城关镇护城村一宋元遗址发现一处瓷器与铜器窖藏，出土瓷器 71 件，铜器及铅饼 9 件。[5]瓷器叠放于铜盆、铜锅内。窖藏瓷器多具有南宋晚期特征，仅蔗段洗、影青水注和蒜头铜壶[6]等器物年代晚至元代中晚期，简报作者将窖藏的年代定为元代中晚期。

1986 年，湖南桃江马迹塘荆竹村发现一处龙泉青瓷窖藏，地点位于距资水南岸 1 千米的九岗山下，共出土器物 90 余件，重叠覆放于窖藏坑内，窖藏年代为南宋晚期至元代早期。[7]

1994 年，湖南衡阳市和平路鸿福大厦龙泉窑瓷器窖藏出土缠枝牡丹纹凤尾尊、菊花瓶。[8]

1998 年，湖南攸县丫江桥乡沙岭下村发现一瓷器窖藏，窖藏地处攸县与株洲交界的一处丘陵岗地上。瓷器呈梅花状堆叠在一起，有素面斗笠碗、莲瓣纹小碗、莲瓣纹大碗、豆青釉敞口平底洗、折枝莲花纹盘、素面敞口大盘、莲瓣纹浅腹盘。[9]从瓷器的形制特征及装饰纹样来看，窖藏年代为南宋晚期。

2015 年，湖南省文物考古研究所对宁乡冲天湾遗址进行抢救性发掘，出土了大量的瓷器，其中既有湖南本地所产的青白瓷，也有来自景德镇和龙泉窑的产品，遗址中部的一处窖藏坑 H29 年代为南宋晚期至元代早期，龙泉窑青瓷多数出土于该窖藏坑。[10]

---

［1］岳阳县文管会：《岳阳南津港建筑工地发现宋墓》，《文物参考资料》1954 年第 2 期。

［2］湖南省博物馆：《湖南临湘陆城宋元墓清理简报》，《考古》1988 年第 1 期。

［3］湖南省博物馆：《湖南临湘陆城宋元墓清理简报》，《考古》1988 年第 1 期；张柏：《中国出土瓷器全集·湖北、湖南》，科学出版社，2008 年。

［4］曹传松：《湖南澧县出土的一批窖藏铜、瓷器》，《考古与文物》1991 年第 2 期。

［5］曹传松：《湖南澧县出土的一批窖藏铜、瓷器》，《考古与文物》1991 年第 2 期。

［6］蒜头铜壶与新安沉船出水铜壶几乎完全相同，参见李德金、蒋忠义、关甲堃：《朝鲜新安海底沉船中的中国瓷器》，《考古学报》1979 年第 2 期；袁泉：《新安沉船出水仿古器物讨论——以炉瓶之事为中心》，《故宫博物院院刊》2013 年第 5 期。

［7］张北超：《湖南桃江发现龙泉窑瓷器窖藏》，《文物》1987 年第 9 期。

［8］郑均生：《衡阳市龙泉窑瓷器窖藏》，《中国考古学年鉴·1995》，文物出版社，1997 年；张柏：《中国出土瓷器全集·湖北、湖南》，科学出版社，2008 年。

［9］株洲市文物管理处：《湖南攸县出土龙泉青瓷》，《湖南考古辑刊·第 7 集》，岳麓书社，1999 年。

［10］湖南省文物考古研究所：《湖南宁乡冲天湾遗址 H29 瓷器窖藏坑发掘简报》，《文博》2016 年第 6 期。

长沙城区的遗址及水井中也出土不少龙泉窑青瓷，年代多集中在宋元时期。[1]

二、湖南出土龙泉窑青瓷的类型及分期

根据龙泉窑产品的发展变化，结合墓葬或遗址出土龙泉窑青瓷的编年，我们将湖南出土的宋元龙泉窑青瓷产品分为两期。

（一）第一期

第一期以桃江窖藏、澧县窖藏、临湘陆城遗址、宁乡冲天湾遗址为代表。产品有碗、盘、盏、杯、瓶、洗等，器物多素面，部分流行外壁刻莲瓣纹。

莲瓣纹碗，见于桃江窖藏、临湘陆城遗址、攸县窖藏、宁乡冲天湾遗址。桃江窖藏出土的龙泉窑青瓷胎骨较薄，白色，足底露胎，有乳丁，釉色白，釉层薄，釉质粗，无光泽，外壁有 29 个菊瓣纹，"出筋部分"呈白色（彩图二四：1）。临湘陆城出土的侈口深腹莲瓣纹碗（彩图二四：2）外壁刻单层莲瓣纹一周，胎色青灰，胎体厚重，施梅子青釉，釉均匀，釉色青绿，釉层较厚。成都遂宁金鱼村南宋窖藏出土有同类器形（彩图二四：3），发掘者结合宋蒙战争等历史背景，将窖藏年代推定为南宋端平三年（1236 年）至淳祐元年（1241 年）的战争期间。[2] 此外浙江衢州南宋咸淳十年（1274 年）史绳祖墓[3]、浙江丽水南宋德祐元年（1275 年）叶梦登妻潘氏墓[4] 等纪年墓也出土有同类器（彩图二四：4）。从以上几处纪年材料可以看到宋元时期莲瓣纹碗的演变特征：遂宁金鱼村窖藏出土的碗莲瓣宽大，丽水潘益光墓、衢州史绳祖墓的莲瓣纹碗已变成细莲瓣，新安海底沉船的莲瓣纹碗与两处纪年墓的相似。龙泉窑产品由宽幅莲瓣向窄细莲瓣演变的过程在五管瓶上也能得到印证。桃江窖藏、临湘陆城遗址出土的莲瓣纹碗莲瓣较遂宁窖藏略窄，与潘益光墓相当，大致可以推测其年代为南宋末年至元代早期。

敞口莲瓣纹盘，桃江出土 10 件，宁乡出土 3 件，攸县窖藏出土 11 件。桃江出土的莲瓣纹盘（彩图二四：5）施豆青釉或梅子青釉，外壁模印 30 个或 32 个莲瓣纹，足端露胎。可对比的材料有龙泉大窑出土的 D 型 I 式盘 TN9W3⑧：2（彩图二四：6）和河北满城元贞元年（1295 年）张弘略墓出土的青釉盘[5]（彩图二四：7）。桃江和宁乡窖藏出

[1] 承长沙市文物考古研究所张大可先生见告，长沙城区宋元时期的水井中也出土有不少龙泉窑的产品，因资料尚未公布，故下文暂不涉及。

[2] 成都文物考古研究所、遂宁博物馆：《遂宁金鱼村南宋窖藏》，文物出版社，2012 年。

[3] 衢州市文管会：《浙江衢州市南宋墓出土器物》，《考古》1983 年第 11 期。

[4] 吴东海、管菊芬：《浙江丽水南宋纪年墓出土的龙泉窑精品瓷》，《东方博物·第二十三辑》，浙江大学出版社，2007 年。

[5] 河北省文物保护中心、保定市文物管理所、满城县文物管理所：《元代张弘略及夫人墓清理报告》，《文物春秋》2013 年第 5 期。

土莲瓣纹盘（彩图二四：8）的年代为南宋晚期至元代早期。

折腹洗，宁乡冲天湾遗址出土 1 件 H22：34（彩图二四：9）。圆唇，斜壁，折腹，圈足，施梅子青釉，釉层肥厚，釉面有开片，足端无釉。[1]该折沿洗与江西清江南宋景定元年（1260 年）韩氏墓出土的洗[2]（彩图二四：10）相同，与龙泉大窑乙区南宋晚期 Y2 产品 Y2③：31[3]及枫洞岩窑址南宋晚期至元代早期青瓷洗 TN8W3②：7[4]（彩图二四：11）相近，年代应相当。

折沿盘，宁乡冲天湾遗址出土 8 件，攸县窖藏出土 3 件。宁乡冲天湾遗址窖藏坑 H29 出土 7 件，形制、大小完全一样，均为素面，凹折沿，斜弧腹，圈足，青绿釉，釉层肥厚，足端无釉（彩图二五：1）；H17 内出土 1 件，形制与 H29 内出土的一样，所不同的是内壁有一周莲瓣纹。大盘是元代龙泉窑的大宗产品，元代早期为垫饼垫烧，圈足端沿有刮釉的痕迹，中晚期则为垫圈烧造。宁乡冲天湾遗址出土的龙泉窑折沿盘形制与龙泉大窑枫洞岩窑址南宋晚期至元代早期 CaⅡ式盘 TN9W3④S：3[5]（彩图二五：2）相同，与新安沉船出水的折沿盘（彩图二五：3）相似，且折沿盘均为足端沿刮釉，应是元代早期龙泉窑使用垫饼垫烧的产品。

执壶，桃江窖藏出土 2 件。一件为莲瓣纹执壶（插图一），口沿凸出微敛，短流，肩腹各施一道弦纹，腹上部为莲瓣纹，下部为直棱纹，灰白胎，梅子青釉。该类执壶与江西南宋景定元年（1260 年）韩氏墓、江西樟树寒山景定四年（1263 年）墓以及新安沉船的执壶[6]（彩图二五：4）相同。一件为瓜棱腹执壶（彩图二五：5），敛口内陷，圆肩，鼓腹，八瓣瓜棱形身，短流与口沿平，足端露胎，胎白泛灰，梅子青釉，有冰裂纹。瓜棱腹执壶与浙江龙泉窑南宋

插图一　桃江窖藏出土执壶

［1］湖南省文物考古研究所资料。

［2］薛尧：《江西南城、清江和永修的宋墓》，《考古》1965 年第 11 期。

［3］朱伯谦：《龙泉大窑古瓷窑遗址发掘报告》，浙江省轻工业厅编《龙泉青瓷研究》，文物出版社，1989 年。

［4］浙江省文物考古研究所、北京大学考古文博学院、龙泉青瓷博物馆：《龙泉大窑枫洞岩窑址》，文物出版社，2015 年。

［5］浙江省文物考古研究所、北京大学考古文博学院、龙泉青瓷博物馆：《龙泉大窑枫洞岩窑址》，文物出版社，2015 年。

［6］朱伯谦：《龙泉窑青瓷》，台北艺术家出版社，1998 年。

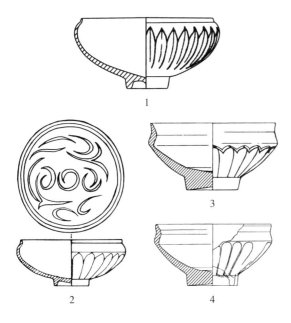

插图二　各地出土的束口碗
1.桃江窖藏出土　2.澧县护城村窖藏出土　3、4.醴陵钟鼓
塘出土

水注[1]、龙泉大窑枫洞岩南宋晚期至元代早期 C 型执壶 TN8W3 ③ N：32[2] 以及新安沉船出水的执壶（彩图二五：6）相同。

束口碗，桃江窖藏、澧县护城村窖藏各出土 1 件。桃江窖藏出土的束口碗（插图二：1），内沿微直，深腹，外壁斜曲，小圈足，足底乳丁凸起，施豆青色釉，有冰裂纹，足端露胎，外壁模印 30 个菊瓣纹，胎重厚釉，浑然如玉。桃江窖藏的束口莲瓣纹碗与成都遂宁金鱼村南宋窖藏敛口斜腹碗[3]（彩图二五：7）相同，其年代应大体相当。澧县护城村窖藏出土的束口碗（插图二：2），微卷沿，尖唇，束颈，深腹，腹壁微鼓，小圈足，灰胎，施釉较厚，釉色呈豆青

和青中泛灰绿两种。澧县出土的束口碗内底刻划卷云纹，与淮阴韩城元代瓷器窖藏同类器[4]形制及纹样相似，在醴陵窑元代窑址中也发现有内壁带刻划纹的束口莲瓣纹碗（插图二：3、4），因此澧县窖藏出土的莲瓣纹碗年代可能到了元代，且不排除是湖南生产的仿龙泉窑产品。

盘口胆瓶，临湘陆城遗址出土 1 件（彩图二五：8）。小盘口，粗长颈，溜肩，圆鼓腹，圈足较矮，施青釉，施釉及底，足沿露胎，釉色青中带绿。临湘陆城遗址出土的胆瓶与浙江德清南宋咸淳四年（1268 年）吴奥墓（彩图二五：9）、湖北武汉南宋嘉定六年（1213 年）任晗晴墓[5]、成都遂宁金鱼村南宋窖藏[6]（彩图二五：10）、四川简阳东溪园艺

［1］朱伯谦：《龙泉窑青瓷》，台北艺术家出版社，1998 年。
［2］浙江省文物考古研究所、北京大学考古文博学院、龙泉青瓷博物馆：《龙泉大窑枫洞岩窑址》，文物出版社，2015 年。
［3］成都文物考古研究所、遂宁市博物馆：《遂宁金鱼村南宋窖藏》，文物出版社，2012 年，图版三八、三九。
［4］王剑：《淮阴市韩城发现元代瓷器窖藏》，《东南文化》1991 年第 Z1 期。
［5］湖北省文物管理委员会：《武昌卓刀泉两座南宋墓葬的清理》，《考古》1964 年第 5 期。
［6］成都文物考古研究所、遂宁市博物馆：《遂宁金鱼村南宋窖藏》，文物出版社，2012 年，图版三一。

场窖藏[1]、四川什邡两路公社南宋末年窖藏[2]出土的胆瓶相似。

菊瓣纹盏，桂阳窖藏[3]、宁乡冲天湾遗址各出 1 件（彩图二六：1、2）。桂阳出土的菊瓣纹盏花口微敛，曲壁，深腹，小圈足，青釉，釉色匀润，青中闪绿，胎灰色。菊瓣纹盏与浙江庆元会溪南宋嘉泰三年至开禧元年（1203~1205 年）胡纮夫妇墓[4]出土的同类器（彩图二六：3）相同。新安沉船也出水有青釉菊瓣纹盏（彩图二六：4）。福建将乐宋元墓 M1[5]出土的一件花口盏（插图三：1）与桂阳窖藏所

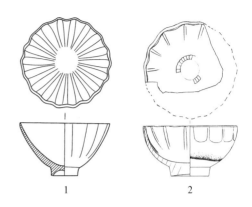

插图三　各地出土的菊瓣纹盏
1.福建将乐积善宋元墓出土　2.醴陵钟鼓塘出土

出形制最为接近，该墓同出的还有龙泉窑折沿双鱼洗以及带有南宋晚期至元代早期特征的印花芒口青白瓷碗，因而乐积善 M1 的年代当在宋末元初。窑址材料中，醴陵钟鼓塘元代窑址曾出土几件青釉菊瓣纹盏（插图三：2），菊瓣密集[6]。龙泉窑青釉菊瓣纹盏流行于南宋中晚期至元代，其菊瓣在南宋时期相对稀疏，至元代逐渐密集。宁乡冲天湾遗址和桂阳窖藏出土的菊瓣纹盏年代当在元代早期。

斗笠盏，澧县护城村窖藏出土 1 件，桃江窖藏出土 5 件，攸县窖藏出土 3 件。澧县护城村窖藏出土的斗笠盏大敞口，斜直腹，小圈足，足底鸡心突起。桃江窖藏所出斗笠盏（彩图二六：5）胎骨较薄，色白泛灰，豆青釉，施满釉，有冰裂纹，内外光素无纹饰，足底施透明护胎釉。斗笠盏与遂宁金鱼村南宋窖藏[7]（彩图二六：6）、简阳东溪园艺场南宋窖藏[8]出土的同类器相同。

高足杯，桃江窖藏出土 4 件。厚唇，鼓腹，高圈足微外撇，足底心凸起。足胎上厚

［1］四川省文物管理委员会：《四川简阳东溪园艺场元墓》，《文物》1987 年第 2 期；黄晓枫：《四川简阳东溪园艺场遗迹性质及年代探讨》，《考古与文物》2013 年第 3 期，作者认为该遗迹初为南宋墓葬，后在南宋晚期的宋蒙战争以及明代中晚期分别被用作窖穴埋藏贵重生活用品和商品，其中龙泉窑青瓷的年代为南宋中晚期。

［2］丁祖春：《四川省什邡县出土的宋代瓷器》，《文物》1978 年第 3 期。

［3］张柏：《中国出土瓷器全集·湖北、湖南》，科学出版社，2008 年。

［4］浙江省文物考古研究所、庆元县文物管理委员会：《浙江庆元会溪南宋胡纮夫妇合葬墓发掘简报》，《文物》2015 年第 7 期。

［5］福建博物院、将乐县博物馆：《将乐县积善宋元墓群发掘简报》，《福建文博》2009 年第 4 期。

［6］湖南省文物考古研究所、醴陵窑管理所：《洞天瓷韵——醴陵窑钟鼓塘元代窑址出土瓷器精粹》，文物出版社，2019 年。

［7］成都文物考古研究所、遂宁博物馆：《遂宁金鱼村南宋窖藏》，文物出版社，2012 年。

［8］四川省文物管理委员会：《四川简阳东溪园艺场元墓》，《文物》1987 年第 2 期。

下薄，足端露胎，胎白泛灰，釉匀称呈豆青色，内底心贴一朵梅花（彩图二六：7）。桃江窖藏高足杯与龙泉枫洞岩窑址 B I 式盅[1]造型及纹饰相近。

双鱼洗，澧县护城村窖藏出土 1 件，桃江窖藏出土 4 件。桃江窖藏出土的折沿洗（插图四：1）敞口平折，浅腹，斜壁略带弧度，圈足，梅子青釉或豆青釉，胎厚器重，足端露胎。其中一件外壁作 27 个菊瓣纹，内底心贴双鱼，余者内外无纹饰。澧县护城村窖藏出土的折沿双鱼洗（插图四：2）为圆唇，平折沿，浅腹，斜弧壁，矮圈足，足底施釉，足根露铁红胎，釉呈豆青色，且青中泛绿，釉层厚而匀，釉表有碧玉感，无开片现象，外腹模印莲瓣纹，内底阳印双鱼纹。该类器物还见于河北满城元贞元年（1295 年）张弘略墓[2]（插图四：3）、元代集宁路古城遗址（插图四：4）、福建平潭小练岛元代沉船遗址[3]、西安元初刘造墓[4]、山东淄博博城大街元代窖藏等。刘净贤曾撰文探讨龙泉窑折沿双鱼洗的年代，认为目前所见的龙泉窑双鱼洗依据装烧方式的不同可以分为两类，一类是外底满釉，仅足端无釉，装烧时垫隔具放于足端之下；另一类是外底中

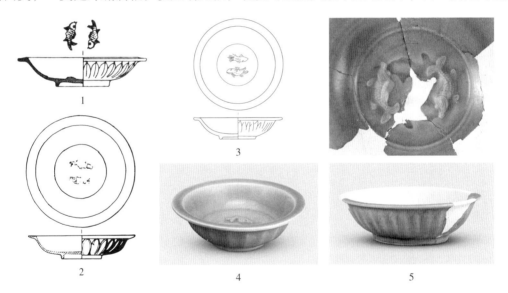

插图四　各地出土的双鱼洗

1. 桃江窖藏出土　2. 澧县护城村窖藏出土　3. 河北满城元贞元年张弘略墓出土　4. 元代集宁路古城遗址出土　5. 龙泉大窑枫洞岩窑址出土

[1] 浙江省文物考古研究所、北京大学考古文博学院、龙泉青瓷博物馆：《龙泉大窑枫洞岩窑址》，文物出版社，2015 年。

[2] 河北省文物保护中心等：《元代张弘略及夫人墓清理报告》，《文物春秋》2013 年第 5 期。

[3] 栗建安：《我国沉船遗址出水的龙泉窑瓷器》，中国古陶瓷学会编《中国古陶瓷研究——龙泉窑研究》，故宫出版社，2011 年。

[4] 王小蒙：《陕西出土的龙泉窑青瓷——兼论龙泉窑青瓷在陕西的地位和影响》，中国古陶瓷学会编《中国古陶瓷研究——龙泉窑研究》，故宫出版社，2011 年。

心位置为砂底或者刮釉一周,从龙泉枫洞岩窑址出土的标本(插图四:5)可以看出,刮釉一周的双鱼洗装烧时将垫隔具放置于足底,与足底露胎部分接触。第一类双鱼洗的年代约在南宋末年至元代早期,而第二类双鱼洗的年代在元代中晚期,砂底的双鱼洗常与蔗段洗共出,枫洞岩窑址的发掘也进一步确认了两者的共存关系。因此,龙泉窑双鱼洗大量生产的年代应为元代,在宋末元初可能数量很少。[1]澧县和桃江窖藏出土的双鱼洗均为外底满釉、足端露胎,两者的年代大体在南宋末年至元代早期。

(二)第二期

第二期以澧县护城村窖藏、衡阳鸿福大厦窖藏为代表,器形有蔗段洗、荷叶盖罐、凤尾尊等。

蔗段洗,澧县护城村窖藏出土20件。花瓣状口,直腹微内斜,有的微折,折处有一道凸棱,平底,矮圈足,外腹壁与圈足无明显分界线。足根先平切,往里挖足后再由外向内修削圆滑,底中央削成一直径2.3~2.4厘米的圆形凹面或微凸面,凹面有深有浅,均施釉,圈足施釉,底部一圈无釉,露铁红胎。全器施豆青釉,釉色有青中泛绿、青中泛灰。釉层较厚,釉质坚硬,不见流釉现象,极少开片,釉面光泽莹洁。口沿作花瓣状,腹内外亦作花瓣状。大者口径11.8厘米,小者口径11厘米(插图五:1)。龙泉窑蔗段洗还见于北京龙潭湖吕家窑村元延祐元年(1314年)铁可墓[2](插图五:2)、朝鲜新安海底沉船[3]、山东淄博博城大街元代晚

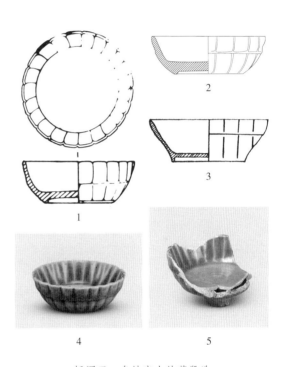

插图五　各地出土的蔗段洗

1. 澧县护城村窖藏出土　2. 北京龙潭湖吕家窑村元延祐元年铁可墓出土　3. 山东淄博博城大街元代晚期窖藏出土　4. 西安红光巷元晚期窖藏出土　5. 龙泉大窑枫洞岩窑址出土

[1]刘净贤:《龙泉窑双鱼洗研究》,《东方博物·五十四辑》,中国书店,2015年。
[2]北京市文物研究所:《元铁可父子墓和张弘纲墓》,《考古学报》1986年第1期。
[3]李德金、蒋忠义、关甲堃:《朝鲜新安海底沉船中的中国瓷器》,《考古学报》1979年第2期;高美京:《新安船出水陶瓷器研究述论》,《故宫博物院院刊》2013年第5期。目前学术界一致的观点是认为新安沉船的沉没年代在14世纪上半叶。

期窖藏[1]（插图五：3）、西安红光巷元晚期窖藏[2]（插图五：4）、内蒙古土城子古城窖藏[3]等。龙泉窑窑址发掘材料（插图五：5）显示蔗段洗是元代中晚期的典型产品，外底刮釉是龙泉窑元代中晚期开始的装烧方法，澧县护城村窖藏出土的蔗段洗年代应为元代中晚期。

　　凤尾尊，衡阳鸿福大厦窖藏出土 1 件[4]（彩图二六：8）。喇叭形口，长颈，窄肩，椭圆形腹，下部外展，隐圈足，足根内外刮削处呈火石红，灰白胎，颈部纵向均匀分布四株折枝牡丹花纹，腹饰缠枝牡丹纹，颈部刻莲瓣，三组纹饰均以凸弦纹相隔，器内外满施梅子青釉，釉层较厚，釉面玉润，有冰裂纹。该凤尾尊与朝鲜新安海底沉船[5]（彩图二六：9）、元上都遗址、内蒙古呼和浩特白塔村窖藏遗址[6]（彩图二六：10）出土同类器相似。英国大维德基金会收藏一件元“泰定四年”铭龙泉窑缠枝花卉纹凤尾尊，造型也非常接近，泰定四年即 1327 年。新安海底沉船的年代为 14 世纪上半叶。内蒙古呼和浩特白塔村窖藏的凤尾尊与“己酉年”钧窑香炉同出，而己酉年应为元至大二年（1309 年）。综上，缠枝牡丹纹凤尾尊的流行年代大体在 14 世纪上半叶（1308~1350 年）。

　　荷叶盖罐，常德市出土 1 件（彩图二六：11）。直口，矮领，丰肩，圆鼓腹，隐圈足，腹部满刻竖条纹，刻线较深，凸条较宽，器内外均施以青釉，口沿处露胎，失盖。[7]该青釉荷叶盖罐是元代龙泉窑的典型器，见于浙江龙泉枫洞岩元代中晚期地层[8]（插图六）、新安海底沉船（彩图二六：12）、遂宁金鱼村南宋窖藏（彩图二六：13）、福

［1］张光明、毕思梁：《山东淄博出土元代窖藏瓷器》，《文物》1986 年第 12 期。该蔗段洗与八思巴文白釉浅腹盘、豆青釉盘、折沿双鱼洗同出。窖藏出土地点下面为金元时期窑址瓷片堆积层，上面为元末明初玻璃作坊，故将窖藏时间推定为元代晚期。

［2］王长启、高曼：《西安市发现的青釉瓷器》，《考古与文物》1991 年第 3 期；王小蒙：《陕西出土的龙泉窑青瓷——兼论龙泉窑青瓷在陕西的地位和影响》，中国古陶瓷学会编《中国古陶瓷研究——龙泉窑研究》，故宫出版社，2011 年。

［3］陈永志：《内蒙古集宁路古城遗址出土瓷器》，文物出版社，2004 年。

［4］郑均生：《衡阳市龙泉窑瓷器窖藏》，《中国考古学年鉴·1995》，文物出版社，1997 年，文中将凤尾尊称为缠枝牡丹纹瓿，时代定为南宋，不确；张柏：《中国出土瓷器全集·湖北、湖南》，科学出版社，2008 年。

［5］李德金、蒋忠义、关甲堃：《朝鲜新安海底沉船中的中国瓷器》，《考古学报》1979 年第 2 期；沈琼华：《大元帆影——韩国新安沉船出水文物精华》，文物出版社，2012 年。

［6］李作智：《呼和浩特市东郊出土的几件元代瓷器》，《文物》1977 年第 5 期；张柏：《中国出土瓷器全集·内蒙古》，科学出版社，2008 年。

［7］张柏：《中国出土瓷器全集·湖北、湖南》，科学出版社，2008 年。

［8］浙江省文物考古研究所、北京大学考古文博学院、龙泉青瓷博物馆：《龙泉大窑枫洞岩窑址出土瓷器》，文物出版社，2009 年，图版二十。

建南平市胜利街、江西高安元代窖藏[1]等。日本学者森
达也指出了宋元时期龙泉窑荷叶盖罐的演变特征，其中
南宋晚期遂宁金鱼村窖藏和东溪园艺场出土的荷叶盖罐
大而圆鼓、底部凸出，而元代中期前后的新安沉船、日
本金泽贞显墓（埋藏于 1333 年或 1301 年）的荷叶盖罐
器身下半到底部呈直线状内收，罐底部成型时形成的洞
从南宋晚期到元代中晚期逐渐变小。[2]常德出土的荷叶
盖罐形态特征与新安沉船和日本金泽贞显墓的形态更为
接近，推断其年代为元代中晚期。

插图六　龙泉大窑枫洞岩窑址
出土荷叶盖罐

三、龙泉窑的兴衰及其对湖南制瓷技术的影响

（一）龙泉窑的兴衰

龙泉窑创烧于北宋早期，以白胎、淡青色薄釉、纤细刻花为主要特征，与同时期的瓯、
越、婺诸窑非常相似。此后直至南宋中期，龙泉窑一直流行厚胎薄釉，多有刻划花等繁
密的装饰。[3]可以说，自北宋早期至南宋中期，龙泉窑都处于模仿同时期名窑的阶段。
这一时期的文献记载中对龙泉窑的评价不高，龙泉窑还不是一个广为人知的制瓷系统，
时人常常将其与当时更流行的越窑相混淆。[4]

南宋中晚期，龙泉窑终于迎来了发展史上第一个高峰。南宋初年，宋政府南迁带来
了大批北方手工业者，也将北方先进的窑业技术带到了南方。在这样的历史背景下，龙
泉窑于南宋中晚期创烧出了白胎青瓷和仿官黑胎青瓷，[5]盛行外壁单面刻花，外壁多
流行刻半浮雕式莲瓣纹，产品以薄胎厚釉为主，釉层肥厚莹润，逐渐形成自己的特色。
文献中频频出现对龙泉窑的溢美之词，龙泉窑逐渐成为可与景德镇窑青白瓷比肩的瓷器

［1］刘裕黑、熊琳：《江西高安县发现元青花、釉里红等瓷器窖藏》，《文物》1982 年第 4 期；刘金成：
　　《高安元代窖藏瓷器》，朝华出版社，2006 年；刘金成、刘璟邦：《高安元代窖藏之再研究——
　　窖藏埋藏年代及其主人身份考》，《南方文物》2013 年第 4 期，该文认为高安元代窖藏的入藏时
　　间为至治元年（1321 年）到至正十二年（1352 年）。
［2］（日）森达也：《元代龙泉窑分期研究》，中国国家博物馆水下考古研究中心等编《福建平潭大
　　练岛元代沉船遗址》，科学出版社，2014 年。
［3］任世龙：《龙泉青瓷的类型与分期试论》，中国考古学会编《中国考古学会第三次年会论文集》，
　　文物出版社，1981 年；任世龙：《论龙泉窑的时空框架和文化结构》，中国古陶瓷学会编《中国
　　古陶瓷研究——龙泉窑研究》，故宫出版社，2011 年。
［4］秦大树、施文博：《龙泉窑记载与明初生产状况的若干问题》，浙江省文物考古研究所、北京大
　　学考古文博学院、龙泉青瓷博物馆《龙泉大窑枫洞岩窑址出土器》，文物出版社，2009 年。
［5］周丽丽：《有关龙泉窑两个问题的再认识》，中国古陶瓷学会编《中国古陶瓷研究——龙泉窑研
　　究》，故宫出版社，2011 年。

品类，甚至有超越之势。

宋元王朝的更替并未减缓龙泉窑的发展脚步，由于天下一统极大地促进了海外市场的开拓，外销陶瓷的兴盛导致龙泉窑产品供不应求。元代中期以后，龙泉窑产区不断扩大，由中心地龙泉向云和、丽水、武义、青田、永嘉等靠近江海的地方发展，窑址数量大增，产量大大提高。[1]产品不仅遍及各地，还远销海外[2]，在南亚、西亚[3]、东亚[4]、东南亚、非洲及欧洲等地均发现有龙泉窑青瓷。龙泉青瓷的兴盛风靡，使得福建[5]、江西[6]、湖南、广西[7]等省份的众多窑场纷纷仿烧，日本、越南、泰国、埃及等地也有仿烧龙泉窑青瓷的窑场。

明初至明中期是龙泉窑发展史上的另一个高峰。这一时期龙泉窑曾为明王朝供烧宫廷用器，产品有明显的粗、细两极分化，精细瓷是官方"夺样定制"的宫廷订烧器。而受海禁政策的影响，龙泉窑青瓷对海外的输出虽没有停止，但在质量以及传播范围上都比元代有了较大程度的萎缩。[8]

明晚期至清代，随着景德镇青花瓷的广泛流行以及受海禁政策的影响，龙泉窑迅速衰落，窑址数量锐减。中心窑区多数窑口都已停烧，仅有个别小窑口仍在烧造粗瓷以满足本地所需。瓷器胎体粗劣，坯体笨重，釉色灰绿。

（二）龙泉窑对湖南制瓷技术的影响

1. 南宋晚期至元代早期

南宋晚期，龙泉窑青瓷开始流入湖南，目前湖南出土的宋元时期龙泉窑青瓷时代集

［1］沈岳明：《元代龙泉窑的工艺成就》，中国国家博物馆水下考古研究中心等编《福建平潭大练岛元代沉船遗址》，科学出版社，2014年。

［2］陈扬：《试论龙泉窑的时代风格与变迁》，中国古陶瓷学会编《中国古陶瓷研究——龙泉窑研究》，故宫出版社，2011年。

［3］（韩）申浚：《浅谈西亚与南亚地区发现的元明龙泉窑瓷器》，《故宫博物院院刊》2013年第6期。

［4］（日）小林仁：《国宝"飞青瓷花生"考——传到日本的元代龙泉窑褐斑青瓷》，中国古陶瓷学会编《中国古陶瓷研究——龙泉窑研究》，故宫出版社，2011年。传到日本的龙泉窑褐斑青瓷年代多为元代，少量为明代初年。

［5］刘净贤：《福建仿龙泉青瓷及其外销初探》，《故宫博物院院刊》2013年第5期。

［6］杨后礼：《谈景德镇仿龙泉青瓷》，《江西文物》1991年第4期；吴志红：《浅谈龙泉瓷和景德镇仿龙泉瓷》，《南方文物》1992年第4期；余家栋：《江西仿龙泉青瓷与浙江龙泉青瓷之间的相互关系》，中国古陶瓷学会编《中国古陶瓷研究——龙泉窑研究》，故宫出版社，2011年。

［7］广西壮族自治区文物工作队、柳城县文物管理所：《柳城窑址发掘简报》，广西壮族自治区博物馆编《广西考古文集》，文物出版社，2004年；李铧：《桂林出土的龙泉青瓷及其对桂北青瓷窑业的影响》，中国古陶瓷学会编《中国古陶瓷研究——龙泉窑研究》，故宫出版社，2011年。

［8］陈洁：《明代中期龙泉青瓷外销初探》，中国古陶瓷学会编《中国古陶瓷研究——龙泉窑研究》，故宫出版社，2011年。

中于南宋晚期至元代早期。这一时期虽是龙泉窑开始兴盛的时期，但景德镇窑青白瓷是十分畅销的产品，景德镇窑业技术在湖南青白瓷窑的地位仍不容撼动，蒋祈《陶记》[1]中"江、河、川、广，器尚青白，出于镇之窑者"便是其时的真实写照。南宋晚期至元代早期，羊舞岭窑等窑口烧制

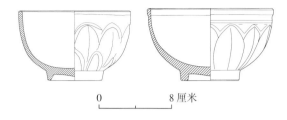

0 ⸺ 8 厘米

插图七　羊舞岭窑南宋晚期仿龙泉窑直口莲瓣纹碗

的产品以青白瓷为大宗，模仿龙泉窑的产品只占极少的比例，仿烧的品类有直口深腹莲瓣纹碗（插图七；彩图二七：1、2）、盘口长颈瓶、束口盏、双系小罐等，均是景德镇窑很少烧制的品类。因而，南宋晚期至元代早期仿烧少量龙泉窑青瓷可以说是羊舞岭窑场丰富产品线的策略，此时龙泉窑在湖南地区的影响还不大。

2. 元代中晚期

湖南地区真正开始大范围仿烧龙泉窑青瓷是在元代中期景德镇窑青白瓷产品衰微之后，当时龙泉窑青瓷已如日中天，在这样的瓷业格局下，原来烧制青白瓷的窑场为了适应市场变化及需求转而大量仿烧龙泉窑青瓷便很容易理解了。

以羊舞岭窑为例，元代中后期羊舞岭窑的产品以仿龙泉窑青瓷为主，青白瓷的数量锐减，产品向大型化发展，仿龙泉青瓷产品的种类有折沿碟、折沿盘、高足杯、刻划纹深腹碗等（插图八；彩图二七：3）。青瓷产品胎色多呈灰褐色，胎体厚重，修胎规整，内壁施釉，内底涩圈，外壁施釉不及底。器物多采用涩圈仰烧法，承重中心位于器物底部，导致下腹部胎体较厚，底足多为大圈足，足墙宽厚。与南宋晚期刻画精细、形象生动的写实风格纹样相比，此时的装饰纹样已大大简化，流行莲瓣纹、刻划弧线纹等，纹样显得粗犷、大气。装烧方法已基本放弃南宋晚期从景德镇窑传入的支圈覆烧法，以涩圈叠烧为主，并在涩圈部位垫上一层细砂防止粘连。这一时期少见或不见其他垫隔具，仅有垫钵、垫柱等少量支烧具。

南宋晚期开始烧制青白瓷的醴陵窑，到了元代中期也逐渐仿烧龙泉窑青瓷。可能因为醴陵窑的瓷土质量更高，其仿龙泉窑青瓷的质量优于羊舞岭窑，仿烧的器形更加多样

---

[1] 目前关于蒋祈《陶记》的成书年代仍存在争议，分南宋说和元代说，前者以刘新园为代表（详见刘新园：《蒋祈〈陶记〉著作时代考辨》，《景德镇陶瓷》1981年第S1期），后者以傅振伦、熊寥、马文宽等为代表（详见马文宽：《评〈蒋祈〔陶记〕著作时代考辨〉——与刘新园先生商榷》，《考古学报》2008年第3期），如马文宽先生认为蒋祈《陶记》可能初写于南宋末年，后经元人改写、增删，今存版《陶记》应成书于元代，但不晚于1325年。本文暂不讨论《陶记》成书年代，因其反映了南宋晚期至元代早期景德镇窑青白瓷的风行程度是不争的事实。

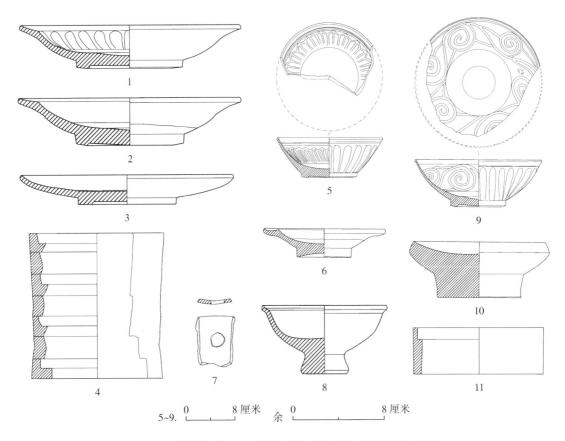

插图八　羊舞岭窑 Y51 元代中晚期仿龙泉窑瓷器及相关窑具

化，有碗、折沿碟、折沿盘、高足杯、鼎式炉、樽式炉（彩图二七：4~12）等。[1]

　　羊舞岭窑、醴陵窑仿烧龙泉窑青瓷仍然延续了青白瓷窑业技术，使用支圈覆烧法或涩圈叠烧法装烧[2]。同样的现象在广西柳城窑、全州江凹里窑、江西萍乡南坑窑也很明显。元军攻陷广西之前，广西的几处窑址主要烧制青白瓷或者耀州窑系青瓷，以泥钉或支圈间隔，匣钵装烧；入元以后改为烧仿龙泉窑青瓷，但仍沿用原来的窑业技术，以泥钉间隔。江西萍乡南坑窑在南宋后期至元代前期采用组合支圈覆烧法，主烧芒口青白瓷；元代中晚期采用涩圈叠烧法烧青釉瓷，胎体厚实凝重。总体来看，宋元时期南坑窑虽有产品结构的调整，但垫隔具、装烧具等深层次的窑业技术并没有大的变化。[3]福

[1] 湖南省文物考古研究所、株洲市文物局、醴陵市文物局：《湖南醴陵唐家坳宋元窑址》，中国文物报社编《中国考古新发现年度记录 2010》，《中国文化遗产》2011 年增刊。

[2] 羊舞岭窑从南宋晚期便同时使用支圈覆烧法和涩圈叠烧法，南宋晚期至元代早期烧制青白瓷时以支圈覆烧法为主，元代中晚期大量仿烧龙泉窑青瓷时则以涩圈叠烧法为主，支圈覆烧法仍有少量使用。

[3] 江西省文物工作队：《江西萍乡南坑古窑调查》，《考古》1984 年第 3 期。

建在北宋晚期前后开始仿烧龙泉窑青瓷并销往东南亚，元代持续生产，明代随着龙泉窑逐渐衰落而沉寂。福建的仿龙泉窑青瓷只在器物的造型、纹样等方面进行模仿，多采用景德镇或者广东地区的装烧技术，与龙泉窑的窑业技术区别很大，属于浅层次的模仿。[1]与之相似，龙泉窑青瓷技术对湖南的影响也仅停留在器物釉色、形态特征及装饰纹样等方面，没有深入到深层次的窑业技术。

四、结语

湖南出土宋元时期龙泉窑青瓷的性质分为几类：其一是作为墓葬随葬品，如临湘陆城及岳阳南津港南宋墓葬等。其二是因为战争或其他原因而临时埋藏的窑藏，如桃江窑藏、澧县窑藏、攸县窑藏等。其三是出土于遗址中，主要用于日常生活和作为产品销售，如宁乡冲天湾遗址[2]。

湖南省境内开始出现龙泉窑青瓷的时间大体为南宋晚期，而湖南仿烧龙泉窑青瓷的年代也基本是同步的。通过比较龙泉窑和羊舞岭窑等湖南仿龙泉青瓷窑址的窑业技术，我们发现两者之间在装烧工艺方面差异不小，因此龙泉窑工匠迁移至湖南的可能性很小，而湖南本地的窑工以市场上流通的龙泉窑青瓷进行仿制的可能性较大。南宋晚期至元代早期仿龙泉窑的产品种类有莲瓣纹碗、束口碗、敞口矮圈足盘，与在湖南发现的龙泉窑青瓷产品组合相近。元代中期，随着景德镇窑青白瓷的衰微，开始大规模仿烧龙泉窑青瓷，产品类型有高足杯、折沿盘、敞口划花碗等，而盖罐、凤尾尊、蔗段洗等龙泉窑器形基本不见，与在湖南发现的龙泉窑青瓷产品类别有所区别，反映了本地窑场在仿烧龙泉窑青瓷时根据市场的需求对器形进行了取舍。

南宋晚期至元代是龙泉窑最为鼎盛的时期，尤其入元以后，龙泉窑在国内外的影响剧增，使得南方及海外掀起了一股仿烧龙泉窑青瓷的热潮，如益阳羊舞岭窑、株洲醴陵窑等。南宋晚期至元代，龙泉窑青瓷对湖南制瓷技术的影响越来越大，景德镇窑和龙泉窑在湖南的影响此消彼长，从根本上反映了龙泉窑青瓷在社会上的知名度越来越高。需要强调的是龙泉窑对湖南窑业技术的影响深度和范围。关于影响深度：龙泉窑对湖南制瓷技术的影响仅仅局限于胎、釉、纹饰等方面，没有像景德镇窑青白瓷一样将窑业技术完整地传进来，对羊舞岭窑、醴陵窑的影响完全是因为其产品的流行。关于影响范围：从目前来看，宋元时期湖南的制瓷技术受外来因素影响相当复杂，龙泉窑只是其中之一，且受龙泉窑影响的窑口多数是青白瓷窑。

---

［1］刘净贤：《福建仿龙泉青瓷及其外销状况初探》，《故宫博物院院刊》2013 年第 5 期。

［2］湖南省文物考古研究所：《湖南宁乡冲天湾遗址 H29 瓷器窑藏坑发掘简报》，《文博》2016 年第 6 期。

西夏瓷器上的纹饰图案与文字

刘宏安

（灵武市文物管理所）

西夏瓷器纹饰题材内容丰富，图案多样，构图完美，颇具民族韵味，反映出党项游牧民族生活习俗。西夏瓷器的剔刻花纹（插图一）都在开光构图中体现，即在素胎蘸釉完全干燥之前，在釉面刻划出圆形、菱形、扇面形等底图，在底图内刻划出主体纹饰，然后剔除主体纹饰之外的釉料，露出底层素胎。这种技法使器物表面图案高低错落，增强了纹饰的立体效果。在开光构图之外则刻划旋纹、水波纹、卷草纹等简单纹饰，但不剔除纹饰之外的釉料。这种构图方法常见于宋代磁州窑、吉州窑等。西夏瓷器将开光构图普遍运用于扁壶、梅瓶、经瓶、钵、罐等器物上，达到了极致。凡是有开光构图的全部为剔刻花瓷器，成为西夏瓷器的一大特色。

插图一　西夏开光剔刻花牡丹图案

主要的纹饰题材与布局有以下几种。

一、植物花卉纹饰

西夏剔刻花中，80% 以上的纹饰都为植物花卉，花卉纹饰主要包括牡丹纹、莲花纹、海棠纹、石榴纹、菊花纹、宝相花纹、竹节纹等。

（一）牡丹纹

宋代将牡丹花称为富贵花，牡丹花雍容华贵，是富贵吉祥和幸福美满的象征，有繁荣昌盛的寓意。牡丹纹被广泛运用在扁壶、梅瓶、经瓶、玉壶春瓶、罐、钵、碗、盆、盘等器物上，体现了西夏人对牡丹花的钟爱。西夏瓷器上的牡丹纹饰深受宋代写实风格影响，又经西夏窑匠加工提炼，形成了造型多样、种类繁多、姿态各异的独特风格。牡丹花枝繁叶茂，基本为一主枝上延伸一左一右两根侧叶，侧叶沿开光边沿伸至花朵两侧，每枝上有三到四片花叶，叶片宽厚肥大呈卷草状。有的一枝独放，姿容妖娆；有的两枝相交，花朵环抱；有的两两相对，婀娜俊俏；有的四朵环绕，争相斗艳。花瓣顶端多呈"凸"字形，在花瓣处用细线划出筋脉或划一问号形的弯钩，花蕊多以一圆圈表示。花瓣层次较少，花形饱满，线条流畅，花瓣大多对称分布，装饰性强，具有一定规律。

白釉剔刻花牡丹纹罐，宁夏灵武市博物馆藏，口径 14、底径 16、高 28.4 厘米。圆唇口，短颈，圆肩，鼓腹，腹下收敛，内圈足。罐体通施白釉，腹部开光剔刻牡丹花纹图案，开光外刻弧线纹、叶脉纹，腹下刻卷草纹。整体线条流畅，层次分明，剔刻手法娴熟，造型美观。（彩图二八：1）

黑褐釉剔划开光牡丹纹扁壶，1985 年征集于宁夏海原县，现藏于中国国家博物馆，口径 6.5、腹径 33.3、高 34 厘米，典型的灵武窑产品。翻口沿，短颈，腹部扁圆，腹部的正背面都有圈足，肩部有对称双系，腹脊一周捏塑堆刺纹。通体施以黑釉，腹部剔除花纹之外的釉，露米黄胎。腹部正面两处开光，对置不对称，一大一小，一稍高一稍低。开光内剔刻划折枝牡丹纹，花头一上一下，构图饱满，线条有力。釉色乌黑发亮，胎灰白坚硬。西夏瓷器中最具特色的当推扁壶，是西夏瓷器中最负盛名的器物。（彩图二八：2）

1. 折枝牡丹

折枝牡丹是灵武窑中最常见的纹饰，只画部分花枝，枝干可曲可直，形式灵活，风姿卓绝。在西夏瓷器植物花卉纹饰中 70% 以上为折枝牡丹，牡丹花朵左右两侧有花叶衬托，花朵较大，图案形状与磁州窑不同，表现手法抽象，技法多变，有单枝单花、单枝双花、单枝三花、单枝四花等。枝干以金鸡独立、横出、倒挂、对叠的构图方式展示。花朵采用上仰、下俯或对称的构图表现。其中对称构图的牡丹花纹主要有两种形式，一种是两个开光对称，两个开光内的折枝牡丹一个上仰一个下浮，这类形式的牡丹纹出现在扁壶上较多；另一种是开光内对称，开光内两朵牡丹一上一下、一仰一俯，两花相对，婀娜俊俏，摇曳多姿，这种牡丹花纹主要装饰在一些大型器物上。

褐釉剔刻花折枝牡丹纹梅瓶，上海博物馆藏，口径 5.5、足径 10.6、高 39 厘米。斜唇口，束颈，丰肩，深腹下收，卧足。腹部花纹以四道双弦纹分为上中下三部分。上部在两道双弦纹间以竖线分隔成 10 个方形小框，每框内刻四出叶纹，叶片间各有一个小圆圈。中部为主体纹饰，一周环绕四个弧线"亚"字形开光，开光内各剔刻一朵折枝牡丹。牡丹花朵盛开，主枝上有左右两片花叶，从开光边线伸出叶片，似为由牡丹花枝缠绕而成。花瓣、叶片、茎脉等线条纤细，委婉流畅。开光外由密集的半圆形弧线刻划涡旋纹。下部两道双弦纹带间刻划一周卷草纹。西夏剔刻花瓷器腹部开光构图基本都是前后两个开光，此瓶腹部有四个开光，非常少见。（彩图二八：3）

2. 缠枝牡丹

缠枝牡丹花纹是藤蔓牡丹花形象的呈现，它委婉多姿，富有动感，寄寓了"生生不息、万代绵长"的美好愿望，是吉祥纹饰之一。缠枝牡丹花也是象征爱情的纹饰，唐代即被广泛用于工艺美术制品中。唐李德裕《鸳鸯篇》诗云："夜夜学织连枝锦，织作鸳鸯人共怜。"

缠枝牡丹是西夏瓷器上常见的纹饰之一，主要装饰于器物的腹部，其枝叶缠绕盘旋，呈连续的波状线，枝干围绕牡丹花，枝茎上填以盛开的牡丹花叶，图案充满生机且富有动感。

黑褐釉剔划缠枝牡丹纹梅瓶，伊克昭盟窑产品，北京民间藏品。腹部剔划两丛缠枝牡丹，构图饱满，用刀潇洒爽利、刚劲质朴，尤其是枝叶交集处的布局和互相的穿插，合理美观，没有刻意的痕迹，花叶飞舞，画面飘逸生动。整体构图以缠枝牡丹枝条为开光外框，体现出创作者的独具匠心。（彩图二八：4）

3. 串枝牡丹

瓷器中的串枝牡丹纹较多，一般于瓶、罐外壁环绕一周，以枝茎将花和叶串联起来，生动优美。串枝牡丹有"生生不息，延绵不绝"的美好寓意，是一种象征爱情的吉祥纹饰。

黑釉剔刻花串枝牡丹纹罐，侈口，束颈，鼓腹，暗圈足。通体施以黑釉。肩部、腹部以三组弦纹组成两个带状空间，肩部饰八方出叶纹一周，腹部为串枝牡丹纹。此器的造型与宋、金时期同类产品风格类似，在西夏瓷器中与之类似的也不鲜见。在李宗扬、邱冬联先生所著《中国宋元瓷器目录》中，这件西夏灵武窑产品曾被作为北宋定窑产品予以介绍。该件瓷器在细部造型上有一点不容忽略，就是其内沿稍高、外沿稍低的侈口，或曰斜唇口，这种口部造型是非常典型的西夏罐类器物造型。罐肩部所饰八方出叶纹，宋、金、西夏的产品都采用过，而腹部串枝牡丹纹是西夏典型纹饰。剔刻刀法凌厉，不多修饰，有未剔净的残釉，不施化妆土，道道刀痕非常明显，工艺娴熟，线条流畅，对比强烈。（彩图二八：5）

（二）莲花纹

佛教沿丝绸之路传入西夏成为西夏人的主流信仰，大量西夏文物反映出佛教的盛行。

西夏帝王笃信佛教，而佛教将莲花视为圣洁、吉祥的象征。西夏法典《天盛改旧新定律令》第七卷"敕禁门"规定："佛殿、星宫、神庙、内宫等除外，官民屋舍上不得有莲花（装饰），不允许涂画大朱、大青、大绿……"莲花纹成为西夏帝王以及寺庙、祭坛的专用花纹，民间禁止使用。

莲花在西夏瓷器上不像牡丹花那么普遍，且造型端庄，花瓣多对称分布，整洁大方。藏传佛教认为莲花是吉祥和清静的标志，形容讲经者说法微妙，谓之"口吐莲花"。西夏瓷器有绘制鹿衔莲花图，鹿身与花朵相比较小，花朵肥大且飘飞空中，增添了神秘气息。

黑褐釉波浪莲花并头鱼纹梅瓶，伊克昭盟窑产品，内蒙古民间藏品。瓶身饰两朵莲花、几支莲叶，其余空间则以波浪纹填满，端庄典雅，构图大胆。两朵莲花从下部向上直出，给人以很强的视觉冲击力。（彩图二八：6）

（三）海棠纹

宋时海棠花常出现在绘画、诗歌、园林以及瓷器、服饰等诸多领域，宋人对海棠花的喜爱也影响到了偏居西北的西夏，海棠花纹普遍出现在西夏瓷器上。海棠纹花瓣一般是四瓣到七瓣，有两种造型，一种是简单的椭圆形，另一种花瓣的顶端呈"凸"字形，花瓣上有两三条短线表示茎脉，且大多在中间画一圆圈代表花蕊。以折枝海棠和串枝海棠最常见。西夏瓷器上一些花卉纹具备蔷薇科（海棠属于蔷薇科）花卉特征，有时很难界定是海棠还是蔷薇，抑或是别的花卉。

黑褐釉剔划串枝海棠花纹花口瓶，1982年出土于内蒙古自治区伊克昭盟准格尔旗准格尔召乡，现藏鄂尔多斯博物馆，口径9、腹径10.5、高17.1厘米，为伊克昭盟窑产品。五瓣花口，长颈，圆肩鼓腹，喇叭形高圈足。施黑釉，圈足底部无釉，胎质致密。颈下有一道双线弦纹，肩部刻卷草纹，空隙用斜线纹填补，腹部上下各有一道弦纹，中间剔刻四瓣串枝海棠花纹一周。造型端庄优雅，纹饰俏丽灵动。（彩图二八：7）

（四）石榴纹

石榴多籽，有"多子多福"的寓意。西夏瓷器中石榴纹极少，因此显得异常珍贵。

黑釉剔划开光石榴纹梅瓶，故宫博物院藏，口径5、足径10、高38厘米。小口，短颈，折肩，直腹。通体施黑釉近足底。腹部剔划折枝石榴纹，由半圆形描绘出粒粒珠状石榴籽，繁密的石榴籽将果皮撑得左右绽开，将枝头成熟饱满的石榴描绘得十分传神。开光以外刻划水波纹，纹饰豪迈劲爽，与硬朗的造型和朴拙的胎质相得益彰。此梅瓶胎质粗糙，呈米黄色，胎体较厚，釉色黑暗，不如灵武窑产品光亮，纹饰也与灵武窑出土标本不同，推测是伊克昭盟窑产品。（插图二）

插图二 黑釉剔划开光石榴纹
梅瓶

（五）菊花纹

菊花在西夏瓷器上时有出现，但大多因造型与牡丹花相似而较难分辨。花瓣自外向内层层排列逐渐变小，花瓣顶端如鸡冠，下部多条平行弧线刻划细密，构图饱满，显示出菊花特征。

黑釉剔刻菊花纹经瓶，北京民间藏品，高30厘米。腹部为开光菊花纹。（彩图二八：8）

黑釉剔刻菊花纹经瓶，灵武窑发掘出土，高25.2厘米。釉色光亮，腹部剔刻菊花纹。

黑褐釉剔刻牡丹花纹罐，日本私人藏品，高46.3厘米。腹部剔刻弧形开光菊花形花纹。（彩图二八：9）

双系褐釉剔刻菊花纹扁壶，日本东京根津美术馆藏，腹径26.6、厚14.8、高30.3厘米。小口，方形卷沿，肩部置双系。腹部扁圆，腹背没有圈足，仅底部有一圈足，侧边缘也无堆刺纹。正面剔刻一朵菊花。（彩图二八：10）

（六）宝相花纹

宝相是佛教徒对佛像的称呼，宝相花是一种象征意义上的花，它将自然形态的花朵进行艺术处理，变成一种装饰性的花朵纹样。中国传统装饰纹样中的宝相花主要吸收莲花、牡丹花特征。隋唐时期将多个宝相花朵规则排列，用于织物、铜镜、建筑、家具、石刻、刺绣等。唐朝佛教的兴盛推动了莲花纹的发展，而在莲花纹本土化和世俗化的过程中形成具有中国民族特点的抽象化、理想化的宝相花纹饰，西夏瓷器上也常见此花纹。

西夏瓷器上一些单瓣花虽然已经抽象化，但大多与牡丹花一样，仍与枝干、叶片组成一幅完整的画面，因而不能称为宝相花，将其归纳为海棠花（蔷薇花）更为准确。而一些四方或八方出花叶的花纹则被视为宝相花的变形。

褐釉剔划海棠花和宝相花扁壶，日本东京根津美术馆藏，高30.4厘米，为伊克昭盟窑产品。壶腹中部饰以比较典型的宝相花纹，简洁大方，外部施以串枝海棠花纹一周，十分少见。（彩图二九：1）

（七）竹节纹

竹子是多年生禾本科竹亚科植物，主要分布在我国南方，北方生长稀少。竹子正直，坚韧挺拔，彰显气节，是君子的化身。中国古代文人墨客把竹子空心、挺直、四季常青等生长特征赋予人格化精神象征，将竹与梅、兰、菊并称为四君子，是中国花鸟画的一个重要画种。

青釉竹节纹砚台残件，灵武窑出土，残存左上部，长 10、宽 6、厚 3 厘米。砚台正面分上下两区，上区阴刻写实风格牡丹图案，下区左侧刻有竹子，竹残存完整三节，两侧竹叶不对称（彩图二九：2）。砚台水池形状为曲形莲瓣状。竹节纹在西夏瓷器中并不多见，在西夏砚台中发现竹子图案尚属首次。竹子作为砚台装饰图案，寓意学业像竹子一样节节升高。

1965 年宁夏石嘴山市省嵬城遗址曾出土一方褐釉西夏瓷砚台，砚台水池形状同样为曲形莲瓣状，砚足呈纵向拱形。

灵武磁窑堡地区还曾出土一方长方形抄手澄泥砚，砚台长 13、宽 9、厚 3 厘米，砚背有双线边框戳记，分两行楷书"炭窑烽赵家　沉泥砚瓦记"字样。"炭窑烽"位于磁窑遗址西侧，明代志书记载其名曰"磁窑寨墩"，墩台至今尚存。

灵武窑出土有大量砚滴和澄泥砚，说明宋代澄泥砚生产已经扩大到西北边陲，西夏王朝有比较发达的文化。

二、动物纹饰

灵武窑动物大多以雕塑形式表现，如狮、虎、羊、狗、马等，数量最多的是骆驼。瓷器中动物图案较少，主要以鱼为大宗，占动物图案总数的 80% 以上，其他动物纹饰有鹿、龙凤、山羊、婴戏纹等，以鹿衔牡丹或鹿衔莲花最具特色。

（一）水波鱼纹

"鱼"字因与"余"同音，所以具有丰收、富裕的寓意，被广泛用于瓷器装饰上。灵武窑址或西夏遗址出土鱼盆数量较多，可见鱼纹的重要地位。西夏鱼盆中鱼的形状较为固定，鱼鳞几乎都用管形器戳出，多数呈不闭合的 C 形，也有 O 形，有的在鱼鳞中加一黑点，使其形象更加饱满；也有一片片绘出或篦出鱼鳞的，但数量较少。鱼嘴全部为 C 形，鱼鳍、鱼尾多为篦划四道曲线。鱼盆空白处篦划水波纹，鱼纹与水纹巧妙结合，产生水鱼相融、静中有动的艺术效果。灵武窑出土大量鱼盆，体积大者口径超过 60 厘米，常见口径为 40 厘米，最小者口径 20 厘米。鱼盆内多为浅青釉，外壁为褐釉或黑釉，也有少量内外均施黑釉。鱼盆多采用一分为二的构图格局，上部以水波纹、卷草纹、几何纹做配饰，下部刻划水波流鱼，一般刻两三条游鱼向一个方向追逐，有的盆底也刻两条鱼。为了使鱼纹线条清晰醒目，在通体上釉之前先在划过的凹槽中填入深色釉料再上透明釉，烧成后低洼处的线槽变为黑褐色，与周围青釉颜色形成鲜明对比，西夏鱼盆都采用这种装饰手法。类似装饰手法在北宋早中期中原地区民窑中比较流行，说明西夏瓷窑深受北宋前期工艺技术的影响。

青釉鱼盆，口径63、底径45、高23厘米。近口沿部饰一周花草纹，盆内三条鱼以顺时针方向追逐，其余部位填以篦划水波纹。（彩图二九：3）。

（二）鹿衔花纹

因"鹿"与"禄"同音，所以鹿衔花纹象征着富贵吉祥。唐宋时期鹿衔花纹开始流行。相传唐代名相裴休被贬任荆南节度使时，曾几度来到湖南益阳。裴休博学多能，喜欢佛学，夜深人静时他在山上秉烛夜读，引得白鹿衔花出来聆听，后来在其讲学地建白鹿寺。宋金时期鹿衔花纹更加流行，磁州窑系瓷枕上常绘有鹿衔花纹。北宋吴淑《牡丹赋》诗曰："鹿衔花而径去，马蹴树而堪伤。"

西夏瓷器上所绘鹿衔花纹不同于宋金地区流行的相似图案，其鹿身多左向，首向右回转上昂，口中吐出牡丹或莲花枝，旁有卷叶。鹿纹与表示祥瑞的花草结合在一起，既美观又表达了人们的美好愿望。西夏瓷器上绘制鹿衔花纹，与西夏佛教普及和影响深远相适应。鹿衔花纹在西夏瓷器上有一定的样式和规矩，这是发展到成熟期的表现。

褐釉鹿衔牡丹花经瓶，灵武窑出土。上部残缺，开光内主体图案为一只长角的鹿奔跑在花丛中，其回首顾盼，嘴衔仙草纹叶，形象生动（彩图二九：4）。

内蒙古伊金霍洛旗西夏窖藏发现一件褐釉经瓶，在腹部开光剔刻牡丹花纹之下又剔刻一只梅花鹿，其回首作惊恐状，口吐云雾。

（三）龙与山羊图

褐釉龙与山羊图执壶，2012年宁夏盐池县柳杨堡出土，为典型灵武窑产品。宽12、高16厘米。半挂褐釉，流残缺不全。流下一棵花草，花草右侧一条飞龙，龙头有双角，龙身覆盖鳞片，前爪腾空后爪伏地，尾巴竖起，形似蛇尾。花草左侧刻划一只山羊，头上有一对高高的长角，前腿短作奔跑状，后腿粗长，两腿之间交差两笔表现出羊乳头的形状，简洁生动。山羊背上还有一只小山羊，寥寥数笔表现出小羊憨态可掬的形态。山羊尾巴平直，有保护小羊之意。（彩图二九：5）

该执壶上的图案与灵武东山岩画中的大量龙形、山羊图案非常相似（插图三、四）。灵武东山岩画早

插图三　灵武东山龙纹岩画

插图四　灵武东山山羊纹岩画

期制作时间距今约 7000 年，晚期延续到宋夏时期。灵武窑龙与山羊图执壶和灵武东山龙与山羊纹岩画似应存在传承关系或相互影响。执壶表现龙和羊两种动物一派欢乐相处的和谐画面，在西夏瓷器中仅此一件。龙和羊均为生肖，鉴于绘画技法稚拙，推断此图案为西夏窑匠一家三口的属相。

与唐五代执壶相比，西夏执壶颈、流、柄缩短，造型简约化，线条直线化，更便于加工制作。西夏执壶用来盛装酒、香油、酱油、醋等液体，是生活的必备用具，产量较大，在灵武窑址出土标本数量较多。执壶分有流和无流两大类，有流壶的流安装在折肩处，为了便于斜倒，流口与壶口基本持平，因此流无须太长。

（四）凤鸟衔牡丹图

牡丹为花中之王，寓意富贵。凤在神话传说中为百鸟之王，是古人心目中的吉祥鸟。丹、凤结合象征着美好、光明和幸福，民间把以凤凰、牡丹为主题的纹样称为"凤喜牡丹""牡丹引凤"等，视为祥瑞、美好、富贵的象征。唐以后瓷器工艺发达，凤鸟图案得以普及，宋代瓷器出现许多凤鸟装饰纹样，吉州窑凤菊纹瓷枕、凤纹罐等成为凤纹图案的典范，北宋政和年间"凤穿牡丹"成为程式化图案。西夏瓷器装饰的凤鸟纹样疏密得宜、明快流畅，表现吉祥如意的愿望，明显受到中原文化影响。

酱釉凤鸟衔牡丹图四系瓮，宁夏同心县西夏居住遗址出土，宽 40、高 48 厘米。器形完整硕大，酱釉色，系西夏酿酒器，该器形在灵武窑出土标本残件较多。四系瓮肩、腹、足处以上下三组弦纹划分出三层带状空间。上层一周卷草纹，卷草纹间穿插一只展翅飞翔的凤鸟，头如意形，嘴衔一枝牡丹花，眼睛细长，长腿、散条长尾，翅膀舒展，每片鳞羽都描绘细致。中层腹部开光剔刻折枝牡丹图案，牡丹花瓣与枝叶肥大宽展。下层饰以一周卷草纹边饰。（插图五；彩图二九：6）

插图五　酱釉凤鸟衔牡丹图四系瓮图案

（五）送葬狩猎图

西北地区把抓鸽子的鹰叫鹞鹘，其体小而凶猛，上喙勾曲，饲养驯熟后可用于猎鸽、兔。西夏和北方游牧民族同样有狩猎习俗，但西夏瓷器中反映这类民间生活习俗的题材并不多。

送葬狩猎图深腹大瓶，灵武窑址发掘出土，口径 9、腹径 37.2、足径 13.5、高 49.8 厘米。小口外卷，束颈，溜肩，长圆腹，暗圈足。通体施黑褐釉，芒口，肩部有色圈。腹上部

插图六　送葬狩猎图深腹大瓶图案

刻两道弦纹，腹部刻一周图案。腹部中央刻一匹头向左侧的马，马背上驮一朵盛开的莲花，其上立有幡旗。马前有一奔跑的猎犬，一猎鹰飞腾空中扑抓一只挣扎的肥鹅，前方有一只逃命的野兔。马后方似刻一只高靴，靴内插长竿，竿两头各挑一灯，其后部分图案残缺。兔、鹅为所狩之物，鹰、狗为协助狩猎。靴子和靴垫代表人死亡后要走向祖灵。整幅画面纯真稚拙、异常生动，反映了党项人出游狩猎的情景，同时表达了希望死后能像生前一样享受生活的愿望。（插图六；彩图二九：7）

（六）天鹅图

天鹅羽色洁白，体态优美，是纯洁、忠诚、高贵的象征。西夏也将天鹅图案用于瓷器的装饰上。

天鹅图六系瓷瓮，1991年，甘肃武威塔儿湾窑址出土，武威西夏博物馆藏，高58厘米。匠人用寥寥数笔勾画出天鹅高高的额头，长而有力的嘴巴，挺立向前的脖子，其圆润的胸脯向前倾起，一对翅膀在云雾中搏击，两只爪如同一对船桨般向后仰起。云朵则像水中激起的浪花淙淙流过。数只天鹅有高有低，有的穿入云霄，有的扎入雾中，体现了西夏窑匠丰富的想象力和高超的绘画技艺。（彩图二九：8）

三、婴戏纹

婴戏纹是中原地区瓷器上的常用纹饰，宋金时期，以磁州窑为首的北方窑口瓷器上普遍流行婴戏纹饰。受中原文化影响，婴戏纹也被西夏瓷器采用，孩童形象大多与中原同类题材相仿，用简洁的线条表现婴儿的天真可爱。灵武窑出土多件刻划婴儿纹饰的残瓷片，以及大量秃发男性供养人、西夏秃发人首瓶塞等（彩图三〇：1）。据《续资治通鉴长编》载："元昊初制秃发令，先自秃发，及令国人秃发，三日不从令，许众杀之。"李元昊实施秃发令深入人心，这一点在西夏瓷器供养人中得到了印证。

婴戏纹深腹罐残片，1986年灵武窑出土，孩童形象非常生动。（彩图三〇：2）

婴戏纹碗模残片，刀工流畅。（彩图三〇：3）

四、边饰

（一）卷草纹

在一条连续不断的S形波状主茎上饰以各种花卉、枝叶或其他装饰纹样，构成一个以图案化的藤蔓植物为主的装饰带。卷草纹在西夏瓷器边饰中数量最多，有卷草、卷枝、卷叶和花草等纹样，多饰于盆、碗的内壁近口处。

（二）卷云纹

像一朵朵翻卷的白云，多饰于经瓶腹部下方。

（三）几何纹

有 V 形、三角纹、菱形纹等，连续不断，呈带状。在鱼盆内口和经瓶腹下常见此边饰。

（四）钱纹

钱纹在青铜器、玉器、石器、陶瓷器中比较常见，多用于装饰盘、碗的边沿或瓶、罐的肩部或腹部作辅助纹饰，也有作主题纹饰的。辅助纹样多为单钱二方连续展开，形成装饰带。主题纹样则由钱纹构成整个纹饰格局，并有在圆钱纹中心填画花草图案的。此外还有以钱纹作地衬托主题纹饰的。（彩图三〇：4）

"佛"字罐残片，2013 年宁夏同心县出土，为褐釉罐残片，长 38、高 26 厘米。瓷片为罐上腹和口沿部位，在腹部有一圈文字，其中"佛"字较为清晰可辨，左边"亻"以线描刻画；右边"弗"以 5 枚以上钱币图案巧妙组合，整体字宽 10.5、高 10.3 厘米；"佛"字左侧另有以钱币图案组合的字，但笔画杂乱难以辨识；"佛"字右侧似文字或符号，亦难辨识；"佛"字下方也有一残缺文字，难以识别。（彩图三〇：5）该器形大罐在西夏居住遗址多见出土，灵武窑址出土残片较多，为西夏时期常见器物造型，通常高 40 厘米左右。这件"佛"字罐推断为宗教寺院定烧产品，钱币图案则寓意富裕和吉祥。

（五）水波纹

水波纹又称波浪纹、波状纹等，似水流动的形态，是一种传统瓷器装饰纹样。水波纹最早出现在战国秦汉时代的原始青瓷上，东汉、三国及西晋青瓷上仍流行。隋代起水波纹作为陶瓷器边饰出现。西夏时期的瓷器上水波纹大量使用，主要用作主题纹饰的边饰。水波纹的表现技法主要有刻划、模印等，有作主题纹样的，但多数作为底纹与其他纹样组合使用。

（六）梅花点纹

梅花点纹作为瓷器吉祥装饰纹样之一深受人们的喜爱。梅花盛开于岁末，迎雪吐艳，凌寒飘香，其铁骨冰心的崇高品质使人们爱梅、咏梅、借梅抒情。隋唐瓷器上常见的梅花纹装饰是以朵花形式排列。梅花点纹则是宋、金地区黄河两岸民窑制品上常见纹饰，受其影响，西夏瓷器上也有采用，四瓣、五瓣乃至八瓣梅花都可以找到，多在浅青釉和白釉上施用。梅花绽放多为五瓣，古人有"梅开五福"之说。西夏瓷器上梅花纹由隋唐朵花形向折花形发展，有刻花、剔花、绘画、点彩等装饰手法。

五、西夏瓷器上的文字

西夏文字是由西夏开国皇帝李元昊命大臣野利仁荣等创制，共6000余字，形仿汉字，笔画繁多，有会意、形声、转注等构造法，为西夏王国的"国书"，在西夏国内与汉文同时流行。在灵武窑址出土的瓷片与窑具上发现大量西夏文、汉文、梵文及各种符号字，为推断该窑烧造时间和研究西夏社会生活提供了证据。瓷器上的西夏文字分刻划和墨书两种。一般窑址出土的瓷片均为刻划字，有墨书文字的则多数是从西夏寺庙、居住遗址、墓葬等发掘出土，是在使用过程中用毛笔记载的相关内容。

带有文字、符号的窑具和瓷器残片多数似为姓氏和窑工所作标记，如划"税僧"二字的顶钵，表示所垫烧的器物是专门为寺院烧造。刻划"东平王衙下"和"三司"铭记的大瓮瓷片益显珍贵，既标明器物所属，同时也证明灵武窑在西夏承担着为官府烧造瓷器的任务。

有些文字和符号具有装饰功能，如黑褐釉碗底上的"香"字和褐釉碗底上的梵文悉昙字等。梵文随佛教传入我国之后，其书体及字母被称作悉昙字。西夏作为佛国有较多悉昙字出现。

西夏瓷刻划纪年文字极为罕见，一件白釉碗残片残存刻划的"年四"二字，当为某年四月纪年文字的残存，惜其他文字缺失，无法确知具体年份。灵武窑西夏晚期瓷碗内底中部刻划有"李""唐""杨""王"等汉文姓氏，对研究西夏姓氏具有重要价值。

1. 西夏"斗斤"文小口瓶

上海博物馆藏，口径5.5、腹径24.1、底径10.9、高32.6厘米。蘑菇形斜唇口，口部由下向上内敛，束颈，溜肩，深腹，小圈足。涩圈中间有一道弦纹。腹中部刻两道双弦纹，弦纹间刻有2个汉文和3个西夏文。汉字在左，为竖行草书"斗斤"，标明此器的容积。右边两竖行刻划西夏文字，字迹不工整，字意可多解。上海博物馆何继英先生曾撰文将其汉译为"廉凤室"，推断可能系该瓶主人的室号或人名、地名。西夏文应从右往左读，其中右侧的两个字为音译字"旄薮"，应为某个地名，可以释读作"临汾"；左侧的单字"蔪"释为"去、往"，作动词。西夏文里的动词放在句尾，故整体解释为"去临汾"，可能表明此瓶要被送往临汾。（彩图三〇：6）

灵武窑发现大量西夏小口双耳瓶，是西夏党项人用来盛酒的酒具，小口两侧有双系，便于系在马背。因该瓶倒酒时会发出"嘟噜、嘟噜"的声音，西北地区亦称其为"嘟噜瓶"，属西夏瓷器中的典型器。这件西夏文字瓶与灵武窑址出土的小口双耳瓶，从口部到圈足造型都基本相同，只是没有双耳。该小口瓶腹部刻划汉文和西夏文两种文字，属西夏瓷器中的孤品。

甘肃武威塔儿湾窑址出土一件黑釉剔划莲花纹瓮残片，在腹部露胎的花叶之间墨书有西夏文字 4 行 9 字，汉意为"斜毁，发酵有（裂）伤，下速斜，小"，大意是这件瓮有裂伤，下部严重倾斜，是报废品。像这样在瓷器上直接批注验收意见的做法非常罕见。西夏瓷器上墨书文字较为普遍，由于可以填补文献的空白，所以有十分重要的价值。如西夏度量衡制，史书中缺乏记载，而已发现的西夏文物则对其间接有所表现。灵武窑址曾出土一件青釉碗，碗壁上墨书有"三十吊五十串"，应是西夏钱币单位。灵武临河镇石坝村出土一批西夏银器中，有 3 件碗的内底分别墨书有西夏文，汉译为"三两""三两半""二两八"等器物重量，推测西夏计量单位采用两、斤、斗，为研究西夏计量制的宝贵实物资料。

2. "东平王衙下"字款瓷片

采集于灵武回民巷南山窑址，先后发现 3 片（彩图三〇：7、8）。其中一片宽 27、高 25 厘米，釉较薄，胎呈浅米黄色，口部外翻，上沿及侧沿皆切削硬朗，是黑褐釉大瓮口部及上腹的一部分。距口沿约 5 厘米处自上而下划写 5 字铭文"东平王衙下"，"衙"字缺笔，应属异体字或误笔。字体结构端正，线条粗细均匀，笔画遒劲，风格硬朗。

西夏"东平王"的封号未见诸史料记载。在黑水城出土的西夏汉文本《杂字》残卷"官位部第十七"中，收录有西夏自皇帝以下的中央官职与封号，包括尚书、令公、三公、郡王、嗣王等，而"平王"也赫然在列。显然，"平王"表示等级并具有封号性质，而"东平王"是具体封号。中国封建王朝多有这种名称的王位之封，处于西夏宗主国地位的宋、辽也有类似封赏。自后周皇帝于 954 年封李彝殷为"西平王"始，这一封号便一直由西夏王族李氏袭承。10 世纪晚期，辽、宋相继封李继迁为西平王，后李德明、李元昊父子也相继接受了宋廷所赐西平王的封号，直至李元昊称帝后，宋于 1039 年削去其封赏。

西夏建立之初，其官职的设置均模仿北宋，内部王侯的封赏名目可能也模仿北宋朝廷。西夏文《官阶封号表》中的封号与西夏《天盛改旧新定律令》中的职官名称有的完全相同，如南、北、西、东四院王等。从封号表中可以看出，西夏"诸王"是对东西南北宫院诸皇后所生皇太子的封号。清代学者所撰《西夏志略》中记载："晛，清平郡王子，初封南平王。"即西夏末帝李晛在继承皇位前被封为南平王。"东平王衙下"瓷片的出土，证实了西夏"东平王"的存在，而此铭文瓷瓮应为东平王府定烧的瓷器，也就是说，灵武回民巷南山窑是为西夏宫廷定烧瓷器的窑场。

3."三司"字款瓷片

该瓷片是一件瓮的口部及上腹部。距口沿约 4 厘米处自上而下刻划"三司"两个汉字铭文，字体端正，笔画遒劲、硬朗，线条稍粗。瓷片高 21、宽 31 厘米，釉色为茶叶末釉，浅米黄色胎，斜唇口微外侈。出土于灵武窑址，为西夏时期制品，该器形瓮在灵武窑出土数量较多。（彩图三〇：9）。

据《宋史·夏国传》载，李元昊继承王位后，于 1033 年建立了一套中央官制，"其官分文武班，曰中书、曰枢密、曰三司、曰御史台、曰开封府"等，制度多与宋朝相同。其中中书、枢密、三司是掌管王国政、军、财的最高行政机构，即中书主持政务，枢密掌管兵政事务，而三司"唐代称盐铁、户部、度支为三司，主管国家的财政赋税。宋朝沿袭唐制，西夏又沿袭宋三司设置"。有"三司"铭文的瓷瓮应为主管财政的三司为西夏宫廷定烧的瓷器，有"贡瓷"的性质。

4."官"字款窑具和瓷片

"官"字款瓷器是指官窑或为官府烧制的瓷器，在灵武窑及宁夏境内先后出土多件"官"字款窑具、瓷器残片，为研究灵武窑官民性质提供了实物依据。北京民间收藏一件"官"字款窑具残片，残长 7.5 厘米，刻划一"官"字。该造型窑具在灵武窑址出土数量较多，系西夏窑炉内支撑碗坯摞烧的典型窑具。宁夏吴忠收藏家在宁夏灵武回民巷窑村捡拾到一件"官"字款瓷片，长 10.04、宽 6.2 厘米，上部有剥釉，"官"字宽 2.9、高 3.1 厘米，书写流畅，字迹清楚。海原西夏天都寨曾出土一件梅瓶，残高 26 厘米，茶叶末釉，胎质细腻光滑，腹部刻有一个"官"字，字体清晰，笔画遒劲，为元代早期灵武窑产品。

内蒙古阿拉善左旗民间收藏一件"官造"铭文茶叶末釉梅瓶，口径 6.5、底径16.5、高 37 厘米。该梅瓶高度和腹径比一般梅瓶大，是一件储酒器。小口，唇外卷，短颈，溜肩，鼓腹，腹部以下渐收，至底部微外撇，足墙较厚，内底旋纹明显。全身施釉但不到底，釉色稀薄。该梅瓶在素胎蘸釉前曾沾染汗液或油污，烧制升温过程中出现脱釉现象。肩部自上而下刻划"官造"字样，为元代早期灵武窑产品。（彩图三〇：10）

从灵武窑出土大量西夏别刻花瓷器和大量"官"字款窑具、瓷器判断，西夏至元朝，灵武窑均为官府订烧，有官窑性质。大量粗制产品为民用生产，元代后期灵武窑主要生产民用瓷，直至明代以后停烧。

5."宁夏府路较勘"字款瓷片

2012 年，在灵武窑址发现一件刻有"宁夏府路较勘"的瓷片，长 24、宽 22 厘米，釉为茶叶末色，胎为米黄色，根据残件形状推断为梅瓶，胎釉均系典型灵武窑特征。梅瓶上部竖行刻写"宁夏府路较勘"6 个汉字。（彩图三〇：11）

元世祖忽必烈平定浑都海之乱后，开始控制西夏地区并进行全国性治理，地方政府机构逐步建立。元中统二年（1261 年），在西夏故地设西夏中兴等路行省，省治设于中兴府（今银川市兴庆区），后屡经变革。至元二十五年（1288 年）二月，改中兴路为宁夏府路，领五州三县，是为"宁夏"得名之始，此时距西夏灭亡（1227 年）已经61 年。"宁"是平安、安宁的意思，"夏"指西夏，其寓意是希望西夏故地永远安宁。

在灵武窑出土的大量刻有文字的瓷器中，刻写"宁夏"字样的较少见，刻有"宁夏府路较勘"字样的瓷片目前发现 2 件。"较勘"与"校勘"同意，是校对、复看核定的意思。在《大元圣政国朝典章》"户部·行用圆斛"条中记载："付令工部造到圆斛一十只，较勘相同。" 此件瓷器证实灵武窑在西夏灭亡后于元代继续从事瓷器生产，而且产品要经过官府的"较勘"，这些产品或者是为官府订烧，或者是元代官府要对瓷器质量进行把关。

元代"宁夏路"铜权，宁夏民间收藏，宽 5.2、通高 10.5 厘米，重 568.6 克。呈扁平六面体，权身铸有楷书铭文，正面"宁夏路"，右侧面"官造"，背面"较同"，共7 个字。这件铜权是元代官方制造核准过的标准计量器具，对研究元代权衡规制具有重要价值。（彩图三〇：12）

"宁夏府路较勘"瓷片和"宁夏路"铜权是迄今为止发现写有"宁夏"字样最早的实物，它对元代"宁夏府路""宁夏路"的行政建制提供了实物佐证，具有重要研究价值。

六、对西夏瓷器装饰的认识

1988 年，"西夏瓷"这个名称在马文宽先生所著《宁夏灵武窑》中被首次提出。因西夏瓷概念提出较晚，西夏瓷纹饰图案曾长期缺失于中国工艺美术史中。宁夏灵武窑发掘后，西北地区又相继发现了其他西夏瓷窑和瓷器遗存。因为西夏瓷器存世量相对较少，人们对其认知不清，往往认为西夏瓷粗鄙不堪，难登大雅之堂。

根据灵武窑址出土西夏瓷器标本和民间所藏大量精美瓷器，西夏时期灵武窑承担着烧造贡瓷的任务，其产品胎质细腻，剔刻花线条粗犷古拙，纹饰和工艺水平达到了大巧若拙的境界。晚唐、五代陶瓷以及北宋早期中原地区磁州窑、定窑、耀州窑瓷器的造型和纹饰对西夏灵武窑影响很大。

在内蒙古西夏遗址出土的西夏瓷器器形高挑，剔刻花工艺娴熟，装饰图案丰富多样，完整器较多。其胎质稍粗，呈浅米黄色，胎壁较厚，釉色不如灵武窑产品光亮，纹饰内容也有一定区别，故推测内蒙古伊克昭盟（现鄂尔多斯市）地区极可能有西夏窑址存在。

此外，甘肃塔儿湾窑址瓷器产品胎质较粗，釉色偏暗，烧造年代晚于灵武窑。其剔刻花大瓮体积巨大，高者达 60 厘米以上。在白釉上绘制黑褐色花纹，类似磁州窑常用的装饰手法，纹饰独特。

总之，西夏各地窑口在创烧后都很快形成了自己的风格并日趋成熟，在相对封闭的条件下与中原地区瓷业平行发展。到西夏中晚期，各窑产品的质量、装饰工艺和产量都达到了顶峰。

西夏瓷器纹饰强烈的黑白对比，即兴发挥、意味浓厚的构图，古拙的线条，刀刀见痕的随意……是独创的，大巧若拙、大智若愚的艺术，在其他领域也能找到共通的艺术特征。例如，宋代花鸟小品画的白描稿，如果将黑色的线条设置成白色，将白纸设置成黑色，则与西夏剔刻花纹饰有着异曲同工之妙，线条有力，构图饱满。而在当代的一些艺术创作中也有类似的发现。对于审美，当代人和古代人有着许多共通之处，研究西夏瓷器装饰图案对当代艺术的发展也会起到积极的借鉴作用。

防城港出土龙泉窑瓷器
及其反映的同时期北部湾地区海外贸易情况

何守强

（防城港市博物馆）

一、出土情况

古代防城港地区虽是汉代北部湾海上丝绸之路的组成部分以及本区域与东南亚地区海上往来的必经之地，但经济社会发展相对落后。单就一度风靡和畅销海内外的龙泉窑瓷器出土情况来说，总体数量较少。有记录的龙泉窑瓷器在防城港市出土始于 20 世纪 80 年代。"1982 年元月 28 日，潭东第二生产队徐华同志修理屋后西北角排水沟时，距地表约 15 厘米深处挖出了青瓷碗、碟等器物十九件，这些器物原均完好无损，碗十四件，作三螺套叠，呈品字形口向下放置；碟五件，三件口向下放置于碗下承垫碗柱，其余侧立放置碗柱之旁。"[1] 出土的龙泉窑青瓷基本为完整器，其中，青瓷碗（彩图三一：1）敞口，深腹，小圈足，外壁刻菊瓣，除 3 件内壁素面无纹外，其余 11 件均饰有多瓣团花一朵；青瓷碟（彩图三一：2、3）折沿，圈足，有 4 件为菱花口，外刻花瓣，碟心内饰有八瓣花朵，另有一件碟心为方胜纹刻饰。"这些青瓷器，胎体浑厚，且较疏松，碗作敞口……碟多作折沿式菱花口，多饰刻划纹。釉肥厚莹润，多呈青灰色，露胎及釉薄处呈紫褐色，具有明显的元代龙泉青瓷的特征。"[2] 关于这些瓷器的年代尚有争议，近年有专家指出定为明代似乎更为稳妥，笔者亦倾向此说。

2016 年，广西文物保护与考古研究所应请对防城港港口区皇城坳遗址开展考古试掘，出土了一批陶瓷器及建筑构件，含有少量龙泉青瓷碗残片（插图一）。其中探方出土 8 件，地表采集 3 件，均为残片。这批青瓷碗（彩图三一：4、5）敞口，圈足，外壁饰莲花瓣纹或刻菊瓣纹，内壁及碗心刻花、饰梳篦纹或素面无饰。根据出土文物信息判断，"遗址表土层以下地层和遗迹单位出土的瓷器，年代为南宋，根据考古学层位关系和共

[1] 广西壮族自治区文物工作队：《广西防城潭蓬出土唐、元、明代文物》，《考古》1985 年第 9 期。
[2] 广西壮族自治区文物工作队：《广西防城潭蓬出土唐、元、明代文物》，《考古》1985 年第 9 期。

插图一　皇城坳遗址瓷器出土现场

存关系判断，城址年代属于南宋"[1]。

2016~2018 年，防城港市博物馆对企沙半岛的洲尾开展考古调查及试掘工作，先后出土和采集了数十件龙泉窑青瓷标本，器形有碗、碟、盏、杯、瓶、洗等（彩图三一：6~8），时代涉及宋、元、明，以元代为主。因涉及时代较多且器形丰富，这些青瓷在烧制工艺、装饰手法等方面存在较大差异，呈现多样性的特点。以青瓷碗为例，以敞口居多，圈足有大小差异。内壁、内底多有刻（印）花，也有素面，其中两件内底分别有"寿""国器"字款；外壁多刻莲花瓣纹、菊瓣纹或素面，外底有露胎素面，也有圈足一圈无釉而器底满釉。在装饰手法上，除刻花、印花外，另有贴花。在洲尾出土的其他器形残件中，有双鱼纹、鼓钉纹等贴花装饰出现。

2018 年在企沙半岛道路施工中出土明代龙泉青瓷盘 6 件，均为完整器，其中两件有裂痕。出土的青瓷盘（彩图三一：9）大小相当，口径 25~26、底径 14.5~16、高 4.5~5厘米。均为圆唇，敞口，弧腹，圈足，胎体厚重。盘内壁饰菊瓣纹，盘心有印花，内底稍凸起，外壁素面无纹。通体施青色釉，足底刮掉一圈釉，有垫圈痕，露胎部位呈火石红色。

此外，近年来在防城港沿海部分海湾、码头也有零散的龙泉青瓷残片发现。例如防城港市博物馆在 2016 年开展水下考古陆地调查时于江山半岛白龙尾海滩发现内底刻花青瓷碗残片，2018 年接收到群众捐赠的在北仑河入海口附近挖掘鱼塘作业中发现的青瓷碗残件。

二、出土龙泉窑瓷器的性质

（一）潭蓬出土龙泉窑瓷器

1982 年在防城港市江山半岛潭蓬村出土的 19 件龙泉窑瓷器，从其埋藏放置整齐的出土现场及瓷器本身釉面光滑没有使用痕迹等情况来看，当是出于某种目的而埋藏的。其出土地位于唐代开凿、沟通两个海湾的潭蓬运河周边，此区域先后出土过多批类似情况的不同时期瓷器。例如 1982 年 6 月在潭蓬运河周边还出土了 19 件明代青花瓷器，这些瓷器以一陶坛套装，瓷器精美无使用痕迹，经专家确定为明正德、嘉靖年间江西景德镇民窑产品。潭蓬运河作为古代北部湾地区与安南海上贸易往来的重要通道，是唐代以

[1] 广西文物保护与考古研究所：《防城港皇城坳遗址考古调查试掘工作报告》，内部资料。

后很长一段时间经华南远销海外的中国瓷器海路途经点，"潭蓬（潭蓬运河，笔者注）处于这条海路航线之上，既是良好的天然避风港，又是一条安全的捷径。许多来往船只都必然经由这里。潭蓬沿岸出土的元代龙泉青瓷和明代青花瓷器应是运载我国外销瓷器的船只经过这里留下遗物"[1]。也就是说，这批出土的龙泉窑青瓷是外销的贸易商品。

（二）皇城坳遗址及周边出土龙泉窑瓷器

皇城坳遗址出土的龙泉窑瓷器数量较少，时代约为南宋。"遗址发现的砖、瓦建筑构件及瓦当、吻兽、佛塔等屋顶饰件，具有一定的等级规格，应属于官方机构"[2]，因此这批瓷器当是官方机构驻员较高级别的日常用具。

企沙半岛道路施工中出土的明代龙泉青瓷盘，发现时口沿朝下叠成一摞，其上倒置一件铜釜，釜内还套有一双耳铜锅，旁边另有 5 件同样倒置的铜釜，部分内套有较小的铜釜或铜锅（插图二）。铜釜、铜锅有明显使用痕迹，且部分青瓷盘中有残留物。推测此批青瓷盘与同时出土的铜器均为生活用具，当是使用者由于不便携带而临时埋藏。

插图二　企沙半岛道路施工中遗物
出土情况

（三）洲尾出土龙泉窑瓷器

在洲尾出土和采集的数十件龙泉窑青瓷标本，时代涉及宋、元、明，宋极少，元居多，明次之；器形种类多，同类有重复，具有诸多外销瓷特征。而其中"国器"款青瓷碗底（插图三；彩图三二：1）残片，按照朱伯谦先生所讲，龙泉窑瓷器"在刻印的文字中，也有具有商标意义的窑主名字、符号和窑名的。如'石林''三槐''清河制造''福寿记号''李氏''顾氏'……'上当''平昌'和'国器'等"[3]，即"国器"为具有商标意义的窑场产品标记。这种窑场往往具有一定的生产规模和较高的质量水平，产品应与同

0　　　　　6厘米

插图三　洲尾出土"国器"款瓷片

［1］广西壮族自治区文物工作队：《广西防城潭蓬出土唐、元、明代文物》，《考古》1985 年第 9 期。

［2］广西文物保护与考古研究所：《防城港皇城坳遗址考古调查试掘工作报告》，内部资料。

［3］朱伯谦：《揽翠集——朱伯谦陶瓷考古文集》，科学出版社，2009 年。

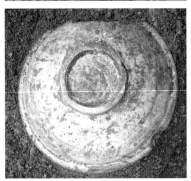

插图四　洲尾遗物出土情况

时代其他龙泉窑青瓷窑场一样有供外销。

与这批龙泉窑青瓷同时出土的还有浙江越窑青瓷、福建建窑黑釉瓷、江西景德镇青花瓷、广东雷州半岛青瓷以及越南青瓷等多个窑口的大批瓷器残件，此外还发现了柱洞、地板砖等建筑遗迹、码头遗迹和古钱币等多种遗物（插图四；彩图三二：2~4）。鉴于洲尾丰富的出土物，以及其临海且有小山丘形成天然避风港，并有较为开阔的平地等自然条件，笔者在拙著《潭蓬运河研究》中曾提出洲尾是集港口与贸易于一体的古代贸易场。基于此，洲尾所发现的龙泉窑青瓷与其他窑口瓷器应均为贸易商品，因损坏而被丢弃。

此外，在防城港往越南方向各海滩（码头）零星发现的龙泉窑青瓷（彩图三二：5~8）应是海上运输出现沉船等事故所遗留。这些发现一定程度上说明了龙泉窑瓷器途径北部湾海域传往越南等东南亚国家的海上贸易航线存在的可能。

三、商贸性质的龙泉窑瓷器出土所反映的北部湾海外贸易情况

如上所述，防城港地区出土的龙泉窑青瓷主要分为日用品和贸易品。日用品体现了此类瓷器在防城港地区的传播和使用，而贸易品则一定程度反映了彼时该地区的一些贸易信息。

第一，合浦港衰落以后，途径防城港的北部湾海外贸易航线继续存在。

汉代以后，随着海外贸易中心港东移广州、泉州，合浦港衰落，特别是隋唐造船、航海技术的提升以及"广州通海夷道"的开辟使得中国与东南亚地区的海上往来可以经海南岛直航而不必绕进北部湾海域。在此背景下，原经北部湾海域沿岸行进的海外贸易航线是否继续存在呢？有学者指出，在"广州通海夷道"开通以后，"广州至东南亚等地的海上航线，在相当长时期仍以沿海航道为主"，"其原因在于沿北部湾海岸航行，虽然道程迂远，但是其优越性也是显而易见的，首先是其续航条件更为突出，船舶物质包括淡水的补充更为容易，也更容易辨认方向。其次是沿海航行相对容易靠岸以规避海上狂风巨浪"[1]。即虽然直航减少了不少路程，但北部湾航线以其固有的优势仍然继续发挥作用。防城港潭蓬、洲尾等地出土的多批次贸易性质的龙泉窑青瓷器从一定意义

[1] 王承文：《唐代环南海开发与地域社会变迁研究》，中华书局，2018年。

上支持了这种观点。因为瓷器易碎，在古代对其运输特别是远程运输基本依靠水运。广西有众多江河水系沟通周边地区，就水路航线而言，从东南浙江、福建而来，通过内河航运不仅弯曲迂回，部分行程还需以短程陆路辅助转程，费时耗资。而通过海路，从浙江经福建泉州、广东广州等大港进入北部湾可以极大缩短航程，且此条航线自战国至秦汉一直通航，唐代咸通年间高骈收复安南还依赖此条航线从东南沿海调运军粮。因此，推测在洲尾出土的龙泉窑青瓷器是由自东向西的海路而来，也说明至少在宋、元、明时期，从浙江等东南沿海至北部湾之间的海上航线仍然存在。

第二，以洲尾为代表的广西沿海贸易场带来的区域经济发展，是包括龙泉窑在内的部分中国外销瓷产品继续走北部湾航线的重要原因。

在汉代海上丝绸之路中，来往中国和东南亚等地区的船只必经北部湾海域，主要是合浦作为始发港之一的地位和彼时受航海条件所限，船只需沿岸行进所决定的。但隋唐时期，中国的船舶已具备深海直航条件，为何舍近求远继续走蜿蜒的北部湾航线呢？笔者认为除了便于补给、易于避难等近岸航线的优势外，更重要的是北部湾沿途的经济发展和消费市场吸引了畅销海内外的各路商品。以龙泉窑青瓷为例，假如宋、元、明时途经北部湾的船只还仅仅是出于航行安全和续航能力考虑，那船中所载瓷器如有损坏可随手弃入大海，然而龙泉窑青瓷与其他各个时期、各大窑口的瓷器一起在洲尾遗址（海滩、陆地）出现了。前文提及，笔者曾论证洲尾为一个跨越多个历史时期的古代贸易场，基于此观点，以贸易商品和贸易参与的视角可对此做出合理的解释——它们是在洲尾交易和转运中损坏而被丢弃的。由此可以说北部湾航线的继续存在一定程度上是因为该区域经济的发展，这与"宋代安南独立……广西沿海口岸逐渐超越交州港的地位，并成为海上丝绸之路与西南地区陆上交通网络连接的贸易港口"[1]的观点是相近和互相支持的。

第三，越南青瓷的大量出现，反映了中国外销瓷的发展状况及商品在海外贸易中的双向流动。

在洲尾，与龙泉窑青瓷一起出土的除中国浙江、福建、江西、广东等省各窑瓷器外，还有较为丰富的越南青瓷（彩图三二：9~11）。这批青瓷器以碗、钵等器形为主，仿中国青瓷窑系烧制，烧造水平和印花等装饰手法较为高超。洲尾出土的越南青瓷一方面反映了当时越南的制瓷水平，体现了商品在国际或区域贸易间的自由和双向流动，另一方面则反映出时代变迁下中国陶瓷业的发展状况。这批瓷器的时代大约在12~14世纪，部分可到14世纪中后期，即元末明初，这一时期随着战乱和海禁政策的实施，中国制瓷业特别是以外销为主的多数窑口日渐衰落。而"东南亚陶瓷抓住机遇迅速发展，尤其是

---

[1] 陆韧、苏月秋：《宋代海上丝绸之路广西口岸发展与西南地区的交通贸易》，《长安大学学报（社会科学版）》2016年第2期。

越南与泰国在原有陶瓷工艺的基础上，继续吸收中国的制瓷工艺，不断提高陶瓷质量，所生产的陶瓷不仅满足国内市场的需要，还乘中国陶瓷在国际市场上'缺席'之际，向外大量输出本国陶瓷"[1]。其输出对象自然也包括地处南疆边陲，不时处于"三不管"状态而管理相对松散、自由的洲尾贸易场。而中越两国瓷器同时在洲尾出现，当源于市场需求，是为适应不同人群的消费水平。中国龙泉窑瓷器虽在质量、产量等方面已不如从前，但其作为较高级别产品的性质没有发生根本变化，因此其经北部湾当是转销越南等国家的上层社会；而越南青瓷器的流入则可能是因为中国瓷器产量减少，普通档次瓷器供应不足，其主要消费对象应是防城港及周边地区的一般民众。

---

[1] 王晞博：《古代中国外销瓷与东南亚陶瓷发展关系研究》，云南大学博士学位论文，2015年。

北方地区宋金瓷器断代问题研究
——以器物品种中的北宋因素为中心

于陆洋

（南开大学历史学院）

进入 11 世纪下半叶，淮河以北地区瓷器的变化速率明显加快。繁杂的器物特征在时空上紧密联系，由于考古材料不充分，以往学界对于宋金时期窑址、墓葬、窖藏、生活遗址等出土的瓷器存在较多断代方面的争议，或采用"宋金时期""宋元时期"等较为宽泛的断代标准，在时间解析度上略显粗线条。

此外，由于流行于北宋末年的器物在入金后持续烧造的情况是必然存在的，"宋金同器"的现象在某些受战乱影响较小的窑场会出现的比较频繁。加之绍兴和议（皇统元年，1141 年）以前可靠的纪年资料较为匮乏，因此不易找到具有绝对意义的器物断代标准，但仍可发现一些可视作为断代标志的器物因素。

本文以北方宋金瓷器的品种为中心，重点考察几项集中出现在北宋的独特因素，对其流行年代进行研判，最后对相关问题进行讨论。由于本文考察的器物产地范围较广[1]，若要使分属两朝的器物在进行比较时可基本忽略地域差异带来的影响，所选器物应尽可能避免具有较强地域特色、不具备普遍性的器物。器物特征有别于民间器物的汝窑与张公巷窑产品所代表的贡御类瓷器，本文也不进行过多探讨。

器物品种按釉与装饰分别进行讨论。

一、釉

·酱红釉

酱红釉主要指代酱色釉中的一类精细产品，以碗（盏）、盘、碟等饮食器皿为主，细薄胎，釉面匀净且有一定金属光泽，光素无纹者居多。宋代《邵氏闻见录》[2]与《清波杂志》[3]所载"定州红瓷"、崇宁四年（1105 年）《怀州修武县当阳村土山德应侯

---

[1] 本文对辽以及继承辽的金北部地区所烧瓷器不进行讨论。
[2] （宋）邵伯温：《邵氏闻见录》，中华书局，1983 年。
[3] （宋）周辉撰，刘永翔校注：《清波杂志校注》，中华书局，1994 年。

插图一　河北巨鹿古城出土酱红釉器

百灵庙记》碑[1]记载的"铜色如朱"当为定窑与焦作窑的此类酱红釉产品。东京国立博物馆藏有两件金彩酱红釉斗笠盏，应为定窑或焦作窑的高档产品。此外，井陉窑、观台与冶子磁州窑、鲁山段店窑、宝丰清凉寺窑以及耀州窑也有烧造。依照涧磁岭定窑发掘的分期[2]，"细酱釉"在第一期后段（北宋早期）出现，第二期（北宋中期）比例增加，第三期（北宋晚期）基本不见。焦作当阳峪窑考古发掘的分期显示，"细胎酱釉器"在第一期（元丰年至钦宗朝）大量出现，第二期（金代前期）质量下降，数量变少。[3]由于窑址及纪年资料较多，酱红釉的流行年代相对明确，应为北宋中晚期。目前可确认为金代的此类釉色产品数量极少，金代定窑酱釉多有装饰，风格迥异于"红定"，并非其在金代的延续。（表一）

表一　酱红釉器物

序号	图号	器物来源	器形	窑口	年代判定依据	图片出处
1	彩图三三：1	镇江南郊章岷墓	梅瓶	推测为定窑	墓志熙宁四年（1071年）	张柏：《中国出土瓷器全集·江苏》，科学出版社，2008年，第96页
2	彩图三三：2	井陉窑址	梅瓶	井陉窑	与镇江南郊章岷墓所出梅瓶相似	河北博物院：《瓷海拾贝——河北古代名窑标本展》，河北美术出版社，2018年，第258页
3	插图一	河北巨鹿古城	盒	推测为磁州窑	刻"元祐七年"（1092年）	北京大学考古学系、河北省文物研究所、邯郸地区文物保管所：《观台磁州窑址》，文物出版社，1997年，第561页
4	彩图三三：3	冶子磁州窑址	盏托	冶子磁州窑		笔者于中国磁州窑博物馆拍摄
5	彩图三三：4	焦作当阳峪窑址	碗	焦作当阳峪窑	属当阳峪窑第一期（北宋晚期）	北京艺术博物馆：《中国当阳峪窑》，中国华侨出版社，2010年，第22页
6	彩图三三：5	林州刘朝宗墓	碗		墓志"政和二年"（1112年）	张振海、张增午：《河南林州市出土磁州窑系陶瓷》，《收藏》2014年第15期，第56~61页

［1］罗勇：《当阳峪窑神碑释读及其他》，北京艺术博物馆编《中国当阳峪窑》，中国华侨出版社，2010年。

［2］秦大树、高美京、李鑫：《定窑涧磁岭窑区发展阶段初探》，《考古》2014年第3期。

［3］刘岩：《河南修武当阳峪窑分期研究》，北京大学硕士学位论文，2005年。

续表一

序号	图号	器物来源	器形	窑口	年代判定依据	图片出处
7	彩图三三：6	宝丰清凉寺窑址H144	盖盒	清凉寺窑	H144为北宋晚期[1]	宝丰汝窑博物馆、河南省文物考古研究院：《梦韵天青——宝丰清凉寺汝窑最新出土瓷器集粹》，大象出版社，2017年，第203页
8	彩图三三：7	蓝田吕嬁M7	盘	耀州窑	墓志"大观贰年"（1108年）	陕西省考古研究院、西安市文物保护考古研究院、陕西历史博物馆：《蓝田吕氏家族墓园》，文物出版社，2018年，第402页
9	彩图三三：8	铜鼓荣询墓	盘	推测为焦作窑	墓志"政和八年"（1118年）	江西省博物馆：《江西宋代纪年墓与纪年青白瓷》，文物出版社，2016年，第155页
10	彩图三三：9	日本东京国立博物馆藏	碗	定窑或焦作窑		日本东京国立博物馆官方网站

[1] H144出土有白瓷、黑瓷、青瓷与珍珠地划花器物，均为北宋晚期产品。详见赵宏《清凉寺汝窑2011~2016年考古新发现》，宝丰汝窑博物馆、河南省文物考古研究院编著《梦韵天青——宝丰清凉寺汝窑最新出土瓷器集粹》，大象出版社，2017年。

二、装饰

（一）珍珠地划花

珍珠地划花装饰最多被运用于化妆土白瓷上，黄釉与低温釉产品上也有少量。《观台磁州窑址》总结此类装饰在北宋早期出现，中期持续烧造，晚期衰落。与目前已知的几件北宋晚期黄河以南地区珍珠地划花纪年器可归属同类的器物存世较多，洛阳地区以及登封、新密、段店、清凉寺等窑场均有大量烧造。山西地区也有多处烧造此类装饰品种的窑场，如介休洪山、霍州陈村窑址发现有少量标本。珍珠地划花通常用于装饰枕、瓶、炉等陈设器，饮食具相对较少。进入金代以后，晋南地区的河津固镇与乡宁窑开始常规使用这类已经几乎不见于其他窑场的装饰（参见彩图三四：8）。在金代定窑白瓷、黄河以南的白地黑花瓷与低温釉瓷以及耀州青瓷标本（参见彩图三四：10）中，偶见可能与北宋珍珠地纹饰有一定渊源的地纹装饰，风格与工艺各异。整体而言，戳印珍珠地加刻划的北宋传统在靖康之变后衰落迅速，除晋南两处窑场之外，各窑均不再将其作为主流装饰技法。（表二）

（二）白瓷绿彩

单色绿彩多用于白地陶瓷器的装饰，最早纪年材料见于安阳北齐武平六年（575年）

表二　珍珠地划花器物

序号	图号	器物来源	器形	窑口	年代判定依据	图片出处
1	彩图三四：1	观台磁州窑址	枕	观台磁州窑	属观台窑二期前段（北宋中后期）	北京大学考古学系、河北省文物研究所、邯郸地区文物保管所：《观台磁州窑址》，文物出版社，1997年，图版18
2	彩图三四：2	大英博物馆藏	枕	鲁山窑	刻"熙宁四年"（1071年）	大英博物馆官方网站
3	彩图三四：3	望野博物馆藏	枕	豫西地区窑场	墨书"崇宁元年"（1102年）	刘涛：《珍珠地·白地黑花·红绿彩——〈宋辽金纪年瓷器〉补正三则》，《收藏》2015年第7期，第54~65页
4	彩图三四：4	山西博物院藏	枕	山西地区窑场		笔者于山西博物院拍摄
5	彩图三四：5	鲁山段店窑	梅瓶	鲁山段店窑	刻"元符三年"（1100年）	河南省文物考古研究所、平顶山博物馆、鲁山县段店窑文化研究所：《鲁山段店窑遗珍》，科学出版社，2017年，第65页
6	彩图三四：6	交城磁窑头窑址		交城磁窑头窑		美乃美：《中国陶瓷全集·28 山西陶磁》，日本美乃美株式会社，1984年，图51
7	彩图三四：7	宝丰清凉寺窑址 H144	梅瓶	清凉寺窑	H144 为北宋晚期	宝丰汝窑博物馆、河南省文物考古研究院：《梦韵天青——宝丰清凉寺汝窑最新出土瓷器集粹》，大象出版社，2017年，第164页
8	彩图三四：8	日本静嘉堂文库藏	枕	河津或乡宁窑	墨书"正隆五年"（1160年）	刘涛：《宋辽金纪年瓷器》，文物出版社，2004年，第37页
9	彩图三四：9	德国科隆东亚艺术博物馆藏	枕	河津或乡宁窑		德国科隆东亚艺术博物馆官方网站
10	彩图三四：10	民间藏品	盘、盆、枕	耀州窑、定窑、豫西窑场		笔者拍摄

范粹墓[1]。晚唐时期，白瓷绿彩器的生产进入高峰期，并延续至五代北宋时期。目前发现五代北宋时期淮河以北地区烧造此类品种的窑场有磁州窑、鹤壁窑、登封曲和窑、郏县黄道窑、宝丰清凉寺窑、鲁山窑、河津古垛窑、淄博窑、萧县窑等，是北方一类分布较广的装饰品种。绿彩多呈斑块状，在立件产品上常饰于管、流、把、系等与器身的连接处，在装饰的同时或有使这些部位与器身相连更紧密，从而在烧造时不易变形的作用。部分绿彩与褐彩配合使用，鲁山窑址曾发现此类标本。器形主要为碗类，还有高体炉、双系罐、执壶、多管瓶等。（表三）

表三　白瓷绿彩器物

序号	图号	器物来源	器形	窑口	年代判定依据	图片出处
1	彩图三五：1	建瓯市迪口镇象山墓	罐	福建地区窑场	墓葬纪年"庆历三年"（1043年）	张柏：《中国出土瓷器全集·福建》，科学出版社，2008年，第69页
2	彩图三五：2	故宫博物院藏	多管瓶	磁州窑	与珍珠地划花装饰共存	冯小琦：《故宫博物院藏中国古代窑址标本·河南（上）》，故宫出版社，2013年，第165页
3	彩图三五：3	观台磁州窑址	高体炉	观台磁州窑	属观台窑一期前段（北宋早期）	北京大学考古学系、河北省文物研究所、邯郸地区文物保管所：《观台磁州窑址》，文物出版社，1997年，彩版7
4	彩图三五：4	鲁山段店窑址	执壶	鲁山段店窑		冯小琦：《故宫博物院藏中国古代窑址标本·河南（上）》，故宫出版社，2013年，第219页
5	彩图三五：5	登封曲和窑址	高体炉	登封曲和窑		冯小琦：《故宫博物院藏中国古代窑址标本·河南（上）》，故宫出版社，2013年，第226页
6	彩图三五：6	平顶山博物馆藏	碗	豫西地区窑场		笔者于平顶山博物馆拍摄
7	彩图三五：7	美国波士顿美术馆藏	瓜棱罐	推测为豫西地区窑场		美国波士顿美术馆官方网站
8	彩图三五：8	济南魏家庄墓	枕	推测为宁阳窑		李铭：《济南考古图记》，济南出版社，2016年，第128页
9	彩图三五：9	萧县白土窑址	碗	萧县白土窑		笔者于萧县白土窑址采集并拍摄
10	彩图三五：10	淮北市相城南	双系罐	淮北烈山窑		笔者于淮北市博物馆拍摄
11	彩图三五：11	枣庄中陈郝窑址	双系罐	枣庄窑		笔者于枣庄市博物馆拍摄

[1] 河南省博物馆：《河南安阳北齐范粹墓发掘简报》，《文物》1972年第1期。

根据《观台磁州窑址》的观点，白瓷绿彩在第二期前段（北宋中后期）数量开始减少，到第二期后段（宋末金初）基本不见。目前此类装饰品种的纪年材料极少，但通过器物共存等因素综合来看，其在北方地区整体的衰落时间应与磁州窑相同。尚未见有金代河南、河北与山西窑场的白瓷绿彩器。1973 年淮北市相城南出土一件白地黑花双系罐（参见彩图三五：10），双系饰有绿斑，可能是淮北烈山窑的产品，从纹饰与器形看年代不会早于金。山东枣庄中陈郝窑址出土白瓷绿彩双系罐（参见彩图三五：11）与淮北市相城南所出双系罐特征极为近似，或可视作同时期产品。

（三）黑釉酱彩

观台窑址发掘者认为黑釉酱彩出现在 11 世纪下半叶，焦作当阳峪窑发掘者认为这类装饰流行于第一期（元丰年至钦宗朝）。其他地区包括定窑、段店窑、清凉寺窑、耀州窑、淄博窑等少见具有年代信息的资料，但通过与同窑时代较清晰的品种相比较，大致可认为这些窑场与已做出分期的两处窑场始烧与流行年代相近。北宋时期的黑釉酱彩纹饰大体可分为三类，一为泼洒形成的点状或条形斑，二为块状或带状纹饰，三为绘制的具象图案。点斑与块斑在黄河以北地区较为多见，带状斑是黄堡耀州窑较具特色的装饰，具象图案则多在豫西地区以及井陉窑产品上出现。（表四）

金代酱彩不复流行。由于鹤壁集窑典型金代产品中的黑釉凸线纹双系罐（参见彩图三六：10）上部分出现有酱彩装饰，故可认为鹤壁集窑的酱彩产品有金代烧造的。榆次

表四　黑釉酱彩器物

序号	图号	器物来源	纹饰类型	器形	窑口	年代判定依据	图片出处
1	彩图三六：1	井陉窑址	点状斑	梅瓶	井陉窑	与酱红釉器共存	河北博物院：《瓷海拾贝——河北古代名窑标本展》,河北美术出版社,2018 年,第 259 页
2	彩图三六：2	林州刘朝宗墓	条状斑	盏	推测为磁州窑	墓志"政和二年"（1112 年）	张振海、张增午：《河南林州市出土磁州窑系陶瓷》,《收藏》2014 年第 15 期,第 56~61 页
3	彩图三六：3	鲁山杨南遗址 T2208 ②	点状斑	盘	鲁山窑	同出有青釉印花器	河南省文物局：《鲁山杨南遗址》,科学出版社,2016 年,彩版 99
4	彩图三六：4	焦作当阳峪窑址	条状斑	盏	焦作当阳峪窑	属当阳峪窑第一期（北宋晚期）	北京艺术博物馆：《中国当阳峪窑》,中国华侨出版社,2010 年,第 62 页

续表四

序号	图号	器物来源	纹饰类型	器形	窑口	年代判定依据	图片出处
5	彩图三六：5	观台磁州窑址	点状斑	双系罐	观台磁州窑	属观台窑二期后段（宋末金初）	北京大学考古学系、河北省文物研究所、邯郸地区文物保管所：《观台磁州窑址》，文物出版社，1997年，彩版24
6	彩图三六：6	婺源张氏墓	点状斑	梅瓶	推测为定窑	墓志"靖康二年"（1127年）	詹永萱、詹祥生：《婺源两座宋代纪年墓的瓷器》，《中国陶瓷》，1982年第7期，第103–108页
7	彩图三六：7	黄堡耀州窑址	带状斑	碗	黄堡耀州窑		张柏：《中国出土瓷器全集·山东》，科学出版社，2008年，第181页
8	彩图三六：8	宝丰清凉寺窑址	菊纹	钵	清凉寺窑		笔者于宝丰汝窑博物馆拍摄
9	彩图三六：9	宝丰清凉寺窑址	麦穗纹	高体炉	清凉寺窑	与高体炉共存	杨春棠：《河南出土陶瓷》，香港大学美术博物馆，1997年，第79页
10	彩图三六：10	鹤壁窑址	抽象花纹	双系罐	鹤壁窑	与凸线纹共存	鹤壁市文物工作队：《鹤壁窑》，中州古籍出版社，2009年，第68页
11	彩图三六：11	玫茵堂藏	块状斑	枕	榆次窑	与山西博物院泰和纪年枕相似	康蕊君：《玫茵堂藏中国陶瓷·第一卷》，Azimuth Editions Limited，2009年，第255页

窑的黑釉枕枕面多饰有块状酱斑，其器形、侧边印纹与胎质特征等都与山西博物院所藏一件"泰和四年"白瓷枕极为接近，应为同时期产品。北宋时期流行此类装饰品种的窑场此时几乎都不再烧造黑釉酱彩器。

（四）素胎黑釉花

素胎黑釉花指代一类在素胎或白化妆土之上用黑釉绘画纹饰的装饰品种。这类技法最早可能出现在唐晚期的黄堡窑、邛窑与长沙窑等，在北宋早中期的北方诸窑颇具流行性。目前发现山西兴县西瓷窑沟、介休洪山镇以及鹤壁、当阳峪、清凉寺、段店、登封、新密以及冀南的磁州窑都有生产。最多运用于盘类，口沿处饰连续垂弧纹，内心五角星形状露胎。据笔者调查，井陉窑还生产施透明釉的白胎"白釉花"产品。（表五）

表五　素胎黑釉花器物

序号	图号	器物来源	器形	窑口	年代判定依据	图片出处
1	插图二	观台磁州窑址	盘	观台磁州窑	属观台窑第一期（北宋早期）	北京大学考古学系、河北省文物研究所、邯郸地区文物保管所：《观台磁州窑址》，文物出版社，1997年，第197页
2	彩图三七：1	三门峡庙底沟墓地	罐	推测为晋南地区窑场	墓地下限为北宋晚期	河南省文物考古研究所：《三门峡庙底沟唐宋墓葬》，大象出版社，2006年，彩版61
3	彩图三七：2	东京国立博物馆藏	罐	推测为兴县窑[1]	敛口折肩造型流行于五代至北宋早期	东京国立博物馆官方网站
4	彩图三七：3	故宫博物院藏	盘	介休洪山窑		冯小琦：《故宫博物院藏中国古代窑址标本·山西、甘肃、内蒙古》，故宫出版社，2013年，第189页
5	彩图三七：4	宝丰清凉寺窑址H144	盘	清凉寺窑	H144为北宋晚期	宝丰汝窑博物馆、河南省文物考古研究院：《梦韵天青——宝丰清凉寺汝窑最新出土瓷器集粹》，大象出版社，2017年，第191页

插图二　观台磁州窑址出土素胎黑釉花器

　　大阪市立东洋陶瓷美术馆藏有一件"元祐四年"（1089年）素胎黑釉花盘纪年器，但有学者经考证认为是早年的仿品[1]。推测此类装饰的器物在进入12世纪后极少生产，目前尚未发现金代仍有烧造的相关线索。

（五）黄釉印花

　　与西北和豫西山区盛烧青瓷印花相对应的，是黄河以北地区烧造的以姜黄色为主的印花产品。北宋中晚期北方地区的高温颜色釉印花，大体形成以黄河为界的"南青北黄"相对峙的格局。从目前已知的情况来看，黄釉印花产品以汾河流域介休洪山窑与榆次孟家井窑产量较大，太行山东麓有井陉窑与漳河两岸的观台与冶子磁州窑，山东地区则有淄博博山窑。受釉料配方、釉层厚度、窑内气氛、烧成温度等因素的影响，酱褐色釉印花产品在这几处窑址也较为常见，由于其造型、纹饰以及装烧方式在同一产地均与黄釉印花产品相同，兹将其与黄釉视作同一类区别于青釉的釉色品种。（表六）

---

[1] 朱宏秋：《试论"元祐四年五月戊辰李贵刊造"黑釉浅碗的黑彩题字》，《中原文物》2013年第2期。

表六　黄釉印花器物

序号	图号	器物来源	器形	窑口	年代判定依据	出处
1	彩图三七：5	英国巴斯东亚艺术博物馆藏	碗	推测为介休洪山窑		英国巴斯东亚艺术博物馆官方网站
2	彩图三七：6	介休洪山窑址	碗	介休洪山窑		冯小琦：《故宫博物院藏中国古代窑址标本·山西、甘肃、内蒙古》，故宫出版社，2013年，第196页
3	彩图三七：7	榆次孟家井窑址	碗	榆次孟家井窑		冯小琦：《故宫博物院藏中国古代窑址标本·山西、甘肃、内蒙古》，故宫出版社，2013年，第126页
4	彩图三七：8	太原詹坚于霍州陈村窑址采集	碗	霍州窑		詹坚拍摄
5	彩图三七：9	井陉窑址	碗	井陉窑		河北博物院：《瓷海拾贝——河北古代名窑标本展》，河北美术出版社，2018年，第271页
6	彩图三七：10	民间藏品	盘	推测为井陉窑		河北省收藏家协会古陶瓷专业委员会：《北白流殇》，河北美术出版社，2014年，第164页
7	彩图三七：11	文安县文物管理所藏	碗	推测为井陉窑		廊坊市文物管理处:《廊坊文物》，开明出版社，2001年，第132页
8	彩图三八：1	观台磁州窑址	碗	观台磁州窑	属观台窑第二期（北宋中晚期）	北京大学考古学系、河北省文物研究所、邯郸地区文物保管所：《观台磁州窑址》，文物出版社，1997年，彩版26
9	彩图三八：2	冶子磁州窑址	碗	冶子磁州窑		中国磁州窑博物馆实拍图
10	彩图三八：3	邯郸市博物馆藏	碗	磁州窑		邯郸市博物馆实拍图
11	彩图三八：4	德州临邑县夏家村采集	盘	淄博窑		德州市博物馆实拍图
12	彩图三八：5	垦利海北遗址	碗	淄博窑		山东大学历史文化学院、山东大学文化遗产研究院、垦利区博物馆：《丝路之光——垦利海北遗址考古与文物精粹》，上海古籍出版社，2017年，第95页
13	插图三	章丘女郎山 M317	碗	推测为淄博窑		济南市考古研究所：《章丘女郎山》，科学出版社，2012年，第290页

序号	图号	器物来源	器形	窑口	年代判定依据	出处
14	插图四	淄博博山大街窑址	盘	淄博博山大街窑		淄博市博物馆：《淄博博山大街窑址》，《文物》1987年第9期，第11~20页
15	彩图三八：6	东京国立博物馆藏	盏	推测为河北地区窑场	团菊纹饰与北宋晚期纪年青釉印花器相同	东京国立博物馆官方网站
16	彩图三八：7	民间藏品	盘	段店窑		笔者拍摄
17	彩图三八：8	淄博博山区	折沿盘	淄博博山窑	瓷折沿盘为北宋之后出现	张柏：《中国出土瓷器全集·山东》，科学出版社，2008年，第203页
18	插图五	达州瓷碗铺窑址	盘	达州瓷碗铺窑		四川省文物考古研究院：《四川达州市通川区瓷碗铺瓷窑遗址发掘简报》，《四川文物》2005年第4期，第12~24页

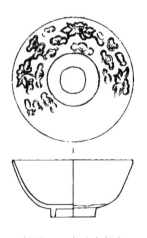

插图三　章丘女郎山
M317出土黄釉印花器

介休洪山窑与交城窑面貌相若，黄釉普遍偏深，口沿处常饰以一圈白边。洪山窑址有一类产品印纹风格繁密，可与介休窑政和八年（1118年）印花模相对照[1]，也与同窑白瓷[2]纹饰基本一致，内底留有涩圈，造型多为碗、盘，器体较大，薄胎，深腹，多挖足过肩。榆次窑整体质量稍逊，纹饰布局较为疏朗，部分与介休窑风格接近，主流产品同为内底留有涩圈的碗、盘类器物。笔者在霍州与河津窑址也采集到此类残片。井陉窑的资料相对较少，部分纹饰布局与题材与山西地区接近，胎釉相对较厚，内底涩圈的折腰盘有一定地域特色。观台窑址出土器物内底有三支痕与涩圈两类，应为不同时段的产品。冶子窑与临水窑遗址也发现较多黄釉印花标本，除常见的碗类，另有一类其他地区少见的印花斗笠盏。这三处邻近的磁州窑场产品风格相若，碗类胎体厚重，胎质较为细腻，釉面玻璃质感普遍较强，色彩明度较高，口沿处多有积釉，纹饰相对疏朗，冶子窑部分碗底涩圈中印有姓氏款。1982年清理的山东博山大街窑址出土了大量被称为青釉的印花器，但实物观察似应以偏青的黄褐色为正色。

［1］孟耀虎：《山西介休窑出土的宋金时期印花模范》，《文物》2005年第5期。
［2］无化妆土的白瓷产品见有内蒙古毛布利格乡窖藏出土器，参见唐彩兰《辽上京文物撷英》，远方出版社，2005年。

器形以碗与卧足盘居多，内底均留有涩圈，胎质较为粗糙，整体制作水准不佳。此外，黄河以南的段店窑址也有此类印花标本，多在深色胎上施化妆土，有别于黄河以北地区的产品。

虽然各地产品胎釉性状不尽相同，质量良莠不齐，但大体可视为同一时期。从器物特征来看，各窑

插图四　淄博博山大街窑址出土黄釉印花器

插图五　达州瓷碗铺窑址出土黄釉印花器

场黄釉印花碗类器物圈足普遍具有极强的北宋时期风格，如腹壁弧度不大、足墙薄且高、挖足过肩、圈足与口沿直径比值较高等。大部分内底留有涩圈，少量有三四支痕，未见有 12 世纪初开始多见的五支痕。各地区印纹题材与风格有所差异，但均不见金代定窑风格印花普遍流行的卧牛、博古、游鸭以及回纹边饰等，常见团菊、缠枝牡丹、珍珠地等纹样以及外壁偏刀竖刻（或称为折扇纹）和口沿白边等北宋特征因素。

介休洪山窑址目前并未进行过大规模考古工作，但从历年官方与民间在窑址采集的标本，结合介休城内窑场与汾阳东龙观墓群的发掘情况来看，该处窑场的早期遗存[1]不会晚至金代。观台窑发掘者将黄釉印花碗中内底留有三支痕的定为北宋早期，将内底涩圈碗定为北宋中后期。淄博博山大街窑址出土大量"青釉"印花器，简报中定为金元时期，但窑址遗留的其他标本未见有晚于北宋的。黄釉印花器物尚未发现有纪年信息的资料，但综合各类因素来看，上述产品的年代均应断为北宋。

金代黄釉印花器物的产地已知的仅有定窑与淄博博山窑，前者多与同窑白釉印花器物同纹同形，芒口覆烧，仅釉色不同；后者多见有折沿盘（参见彩图三八：8）与小盏，部分胎釉特征与早期产品接近，但纹样、器形与装烧方式均有较大区别，具有金代定窑的风格，故应视为金代晚期或更晚时期的产品。这类装饰品种南宋时期在四川地区（插图五）有多处窑场烧造，在西夏地区以及元代陈炉耀州窑也较为盛行。

东京国立博物馆黄釉印花团菊纹白边斗笠盏（参见彩图三八：6）在大英博物馆等地也有类似收藏，其纹饰与器形均与耀州及"临汝青瓷"相同。包括段店窑在内的黄河以南地区也有少量烧造黄釉印花（参见彩图三八：7），但整体而言，高温颜色釉印花器物的器形、纹饰、釉色与装烧方式以黄河为界的南北差异较为明显，入金后白瓷印花与低温釉印花数量增多，青釉与黄釉印花均远不及北宋时期流行。

---

[1] "早期遗存"包含黄釉印花器物，区别于洪山窑明代产品。

三、小结

前文列举了部分北方地区宋金陶瓷器品种的北宋因素，这些因素大体可分为三类：一为始于前朝，流行至北宋中期前后，北宋晚期出现频率降低，金时所烧者极为少见。包括装饰品种中的白瓷绿彩、素胎黑釉花。二为北宋中晚期较为流行，入金后日渐式微，迅速衰落。包括装饰品种中的珍珠地划花、黑釉酱彩以及黄釉印花，多表现为从北宋时期的广泛出现到金代只有单一地点或产区流行。三为北宋晚期仍具有一定流行程度，入金后几乎不见。仅有釉品种中的酱红釉。

北宋晚期釉品种中的酱红釉以及装饰品种中的珍珠地划花、黑釉酱彩，可一定程度地体现东西两京地区文人士大夫阶层引领下高端消费人群的审美倾向。随着女真人南侵，两京地区官民向四处流散。金人实行"实内地"政策，"迁洛阳、襄阳、颖昌汝、郑、均、房、唐、邓、陈、蔡之民于河北"[1]，另有大批向淮河以南迁徙，熙宗时又将"女真、契丹之人皆自本部徙居中州"[2]。高档瓷器消费群体的民族属性与生活方式发生较大的变化，也导致了器物因素的变化。

定窑、耀州窑与焦作窑这些在北宋晚期符合宫廷及上层社会使用标准的精英窑场，入金后虽一定程度延续了北宋时期本地的传统工艺，如定窑的精细白瓷与黑瓷、耀州窑的青釉瓷与焦作窑的白瓷，但却少见更具普遍性的北宋因素的延续，其原本烧造的高品质酱红釉与黑釉酱彩瓷或在北宋灭亡后便不再流行。

［1］《金史》卷三《本纪第三·太宗完颜晟》。
［2］（宋）宇文懋昭：《大金国志校正》卷十二《熙宗孝成皇帝四》。

编后记

  两宋时期是中国制瓷业由成熟走向繁荣的时期，其上承唐代南青北白相对单一的格局，下启元明清绚烂多彩瓷的端绪，中国的各大名窑主要形成于这一时期。而两宋（宋金）之际，因政治的动荡造成了南北窑场、官民窑业的相互融合、激荡，并由此催发了中国窑业的华丽蝶变，一系列重要的窑场和技术风格在这一时期出现、形成。因此两宋（宋金）之际的窑业研究，对于探索包括汝窑、官窑、定窑、耀州窑、磁州窑、湖田窑、越窑、龙泉窑等一系列名窑的形成、发展、蜕变以及相互之间的交流、影响具有重要的意义。

  陶瓷考古学是复旦大学重点建设的学科之一，在有效地整合各方面人才优势的基础上，我校力图打造一个全国性的古陶瓷研究中心，推动中国古陶瓷研究的深入开展，同时在复旦大学形成优势学科，提升学校的科研能力与影响力。此外，响应国家"一带一路"倡议，加强以瓷器为载体的中外文化交流研究、考古学研究，提升在"一带一路"沿线国家的文化影响力与软实力。

  复旦大学陶瓷考古论坛是陶瓷考古学建设的重要内容之一，目的是通过邀请国内相关学科前沿的学者对陶瓷考古以及古陶瓷研究中的重点、热点问题进行有充分的讨论、研究，推动中国古陶瓷研究向纵深发展。

  本论文集是首届复旦大学陶瓷考古论坛的论文汇编，主题"两宋（宋金）之际的中国制瓷业"，探索这一中国窑业重要转变时期的窑业面貌。这里的"两宋（宋金）之际"，更多是一个时代的概念，其内涵远远超出两宋的窑业内容。希望会议的召开与论文集的编写，可以推动宋代以五大名窑为首的诸大窑业体系的综合研究，为解决陶瓷史上关键学术问题提供思路与线索。

郑建明

2019 年 9 月 19 日

1. 彭 Y27 地面堆积   2. 彭 Y27 高圈足碗   3. 上林湖后司岙窑址出土北宋早期细线划花龙纹大盘   4. 窑寺前盘口湾窑址出土北宋中期粗刻花炉   5. 窑寺前合助山窑址出土北宋晚期粗刻花盘   6. 岑家山窑址出土带篦划纹的粗刻花图案   7. 寺龙口窑址出土乳浊釉青瓷瓶   8. 寺龙口窑址出土乳浊釉青瓷鸟食罐   9. 寺龙口窑址出土乳浊釉青瓷盘的支烧痕

1. 龙泉溪口瓦窑垟窑址出土宋元时期白胎青瓷　2. 龙泉溪口瓦窑垟窑址出土宋代黑胎青瓷　3. 龙泉溪口瓦窑垟窑址出土宋代黑胎青瓷　4. 龙泉溪口瓦窑垟窑址出土黑胎青瓷碗　5. 龙泉溪口瓦窑垟窑址出土黑胎青瓷盘　6. 龙泉溪口瓦窑垟窑址出土黑胎青瓷白菜式瓶底　7. 龙泉溪口瓦窑垟窑址出土黑胎青瓷鬲式炉　8. 龙泉溪口瓦窑垟窑址出土黑胎青瓷瓶　9. 龙泉溪口瓦窑垟窑址出土宋代支钉

1. 龙泉小梅瓦窑路窑址窑炉出土粉青厚釉八角盘 2. 龙泉小梅小学出土青瓷八角盏 3. 龙泉小梅小学出土青瓷花口盏
4. 龙泉小梅小学出土青瓷八角盘 5. 龙泉小梅小学出土青瓷花口盘 6. 龙泉小梅小学出土青瓷盘口瓶 7. 龙泉小梅小学出土青瓷鬲式炉 8. 龙泉小梅小学出土青瓷鼓式炉 9. 龙泉小梅小学出土青瓷觚 10. 龙泉小梅小学出土青瓷尊 11. 大窑地区采集的各种类型黑胎青瓷

1. 郊坛下窑址出土的支钉垫烧厚胎薄釉器物　2. 郊坛下窑址出土薄胎厚釉簋式炉　3. 郊坛下窑址出土支钉　4. 老虎洞窑址瓷片堆积坑　5. 老虎洞窑址出土青瓷鼎式炉　6. 老虎洞窑址出土青瓷鬲式炉　7. 老虎洞窑址出土青瓷觚　8. 老虎洞窑址出土青瓷鹅颈瓶　9. 老虎洞窑址出土瓷片胎釉断面　10. 老虎洞窑址出土窑具

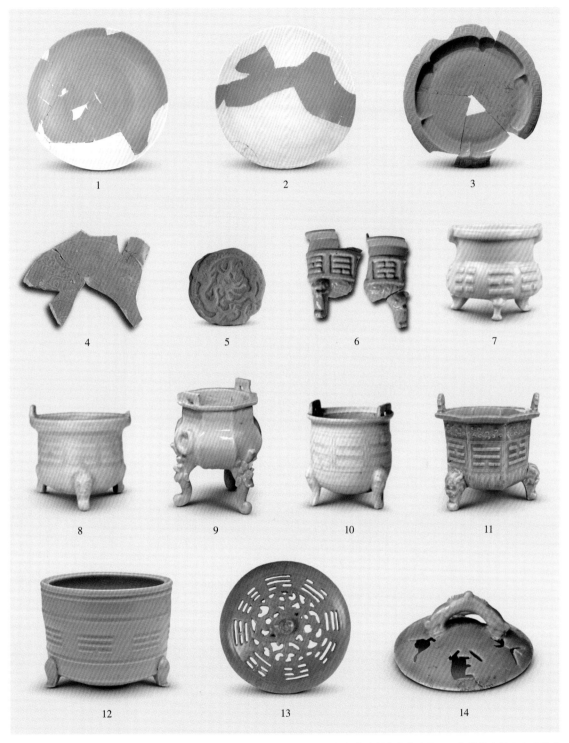

1. 辽祖陵一号陪葬墓出土越窑青瓷龙纹洗　2. 宋太宗元德李皇后陵出土越窑青瓷划花龙纹大盘　3. 张公巷窑址出土青釉暗刻龙纹盘　4. 清凉寺汝窑遗址出土龙纹盆（北宋）　5. 郊坛下窑址出土龙纹素烧盘底　6. 张公巷窑址出土青釉八卦纹鼎式炉　7. 重庆荣昌窖藏出土青釉八卦纹鼎式炉（南宋）　8. 四川遂宁窖藏出土青釉八卦纹鼎式炉（南宋）　9. 四川遂宁窖藏出土景德镇青白釉八棱形炉（南宋）　10. 景德镇河西出土影青方耳兽足八卦纹香炉（南宋）　11. 龙泉大窑遗址出土青釉八卦炉（南宋）　12. 浙江青田窖藏出土青釉八卦炉（元代）　13. 郊坛下窑址出土青釉八卦熏炉盖（南宋）　14. 张公巷窑址出土青釉五行镂孔熏炉盖

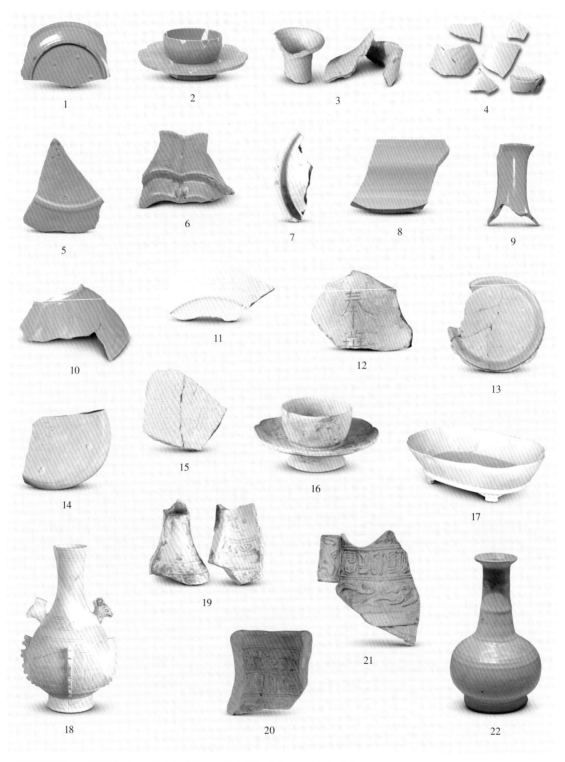

1. 汝窑盘残片　2. 汝窑盏托　3. 汝窑瓶残片　4. 汝窑梅瓶残片　5. 汝窑盘残片　6. 汝窑套盒残片　7. 汝窑器盖残片　8. 汝窑折沿盘残片　9. 汝窑瓶残片　10. 汝窑莲瓣碗瓶残片　11. 汝窑盘残片　12. 汝窑"奉华"款残片　13. 汝窑"贵妃位"款盘残片　14. 汝窑"正德"款纸槌瓶残片　15. 汝窑"后阁"款残片　16. 金代汝窑盏托素烧件　17. 金代汝窑水仙盆素烧件　18. 金代汝窑仿青铜出戟瓶素烧件　19. 金代汝窑出戟瓶模具　20. 南宋郊坛下官窑花纹范　21. 南宋陶贯耳壶残片　22. 张弘范墓出土南宋官窑青瓷弦纹瓶

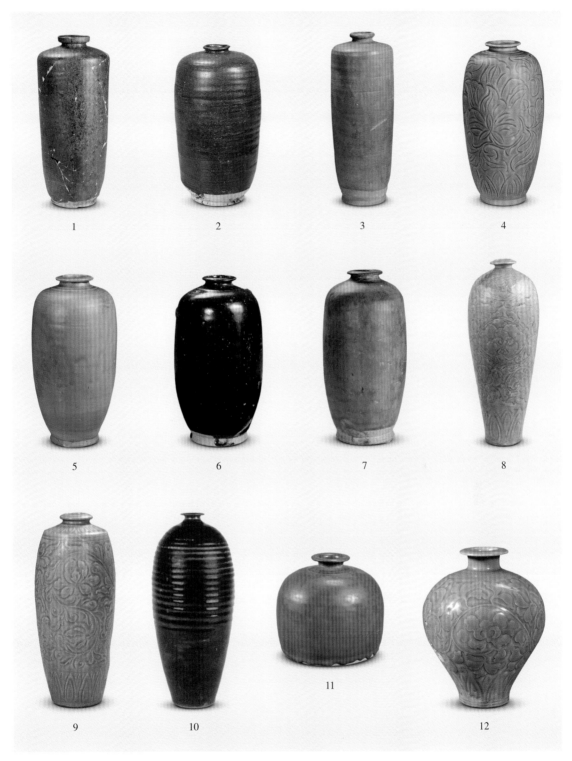

1   2   3   4

5   6   7   8

9   10   11

12

1. 吕氏家族墓 M17 出土盘口梅瓶 M17：5　2. 吕氏家族墓 M28 出土圆唇口梅瓶 M28：3　3. 吕氏家族墓 M1 出土圆唇口
梅瓶 M1：15　4. 吕氏家族墓 M2 出土平沿口梅瓶 M2：33　5. 吕氏家族墓出土平沿口梅瓶 M5：28　6. 吕氏家族墓 M4
出土平沿口梅瓶 M4：31　7. 吕氏家族墓 M4 出土平沿口梅瓶 M4：17　8. 上海博物馆藏刻花梅瓶　9. 耀州窑博物馆藏刻
花梅瓶　10. 梁全本墓出土梅瓶　11. 吕氏家族墓 M2 出土半截梅瓶 / 尊 M2：71　12. 吕氏家族墓 M2 出土鼓腹梅瓶 / 嘟噜
瓶 M2：69

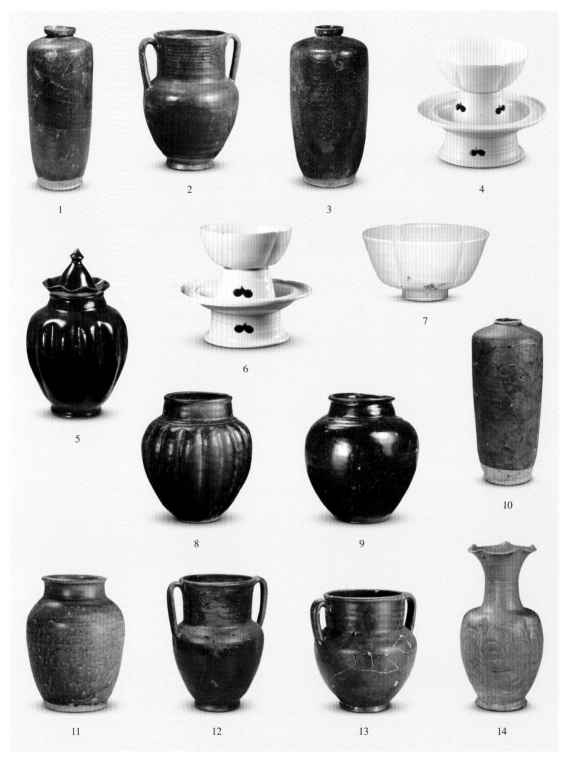

1. 吕氏家族墓 M9 出土盘口梅瓶 M9：9　2. 吕氏家族墓 M9 出土双耳罐 M9：11　3. 吕氏家族墓 M12 出土盘口梅瓶 M12：55　4. 吕氏家族墓 M12 出土台盏 M12：56　5. 吕氏家族墓 M12 出土带盖瓜棱罐 M12：51　6. 吕氏家族墓 M17 出土台盏 M17：9　7. 吕氏家族墓 M16 出土盏 M16：8　8. 吕氏家族墓 M25 出土罐 M25：8　9. 吕氏家族墓 M25 出土罐 M25：11　10. 吕氏家族墓 M22 出土梅瓶 M22：11　11. 吕氏家族墓 M22 出土罐 M22：14　12. 吕氏家族墓 M20 出土大双耳罐 M20：36　13. 吕氏家族墓 M8 出土大双耳罐 M8：4　14. 吕氏家族墓出土花瓶

1. 青釉印花牡丹纹盘 H20：23　2. 青釉刻花牡丹纹盘 H20：41　3. 青釉五足炉 H20：38　4. 青釉钵 H20：42　5. 青釉器底 H20：44　6. 细白瓷器盖 H20：2　7. 固镇瓷窑址出土细白瓷器盖 TG1④：2　8. 细白瓷碟 H20：10　9. 固镇瓷窑址出土细白瓷碟 H3：5　10. 细白瓷器盖 H20：142　11. 细白瓷盏 H20：180　12. 固镇瓷窑址出土细白瓷盏

1. 粗白瓷钵 H20：7　2. 固镇瓷窑址出土黑釉钵 F4 ①：22　3. 白釉酱彩瓷碗 H20：124　4. 固镇窑址出土白釉酱彩碗 J1 ④：78　5. 珍珠地划花圆形枕 H20：129　6. 珍珠地划花圆形枕 H20：131　7. 固镇瓷窑址出土珍珠地划花折枝花叶纹枕 F4 ②：118　8. 细白瓷盏 H20：145　9. 青白釉斗笠碗 H20：140　10. 青白釉壶瓶盖 H20：4　11. 耀州窑白釉黑箍瓷碗

1、2.江凹里窑早期产品　3~6.江凹里窑晚期产品　7~11.严关窑早期产品

1~12. 严关窑中期产品

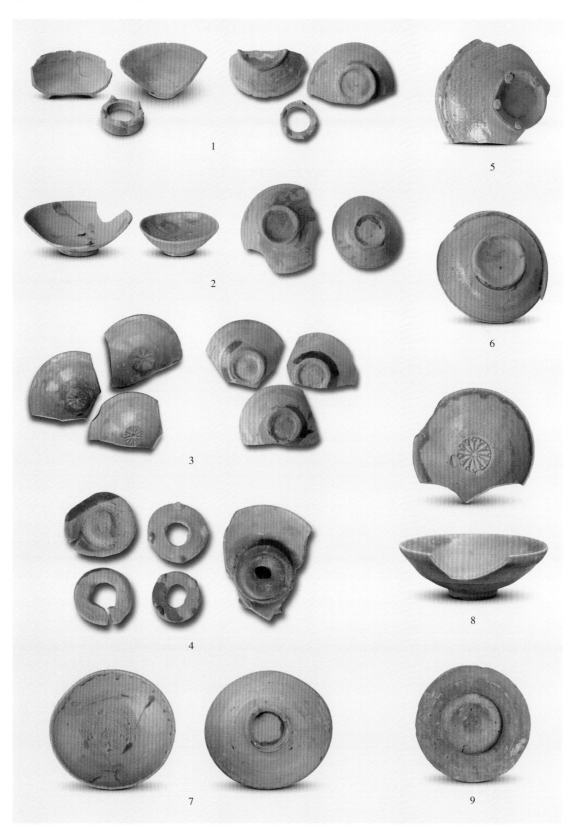

1~4. 窑田岭窑早期产品 5~9. 窑田岭窑中期 A 类产品

1、2.窑田岭窑中期 A 类产品　3~13.窑田岭窑中期 B 类产品

1~6.窑田岭窑中期C类产品　7~9.窑田岭窑晚期产品　10~15.柳城窑产品

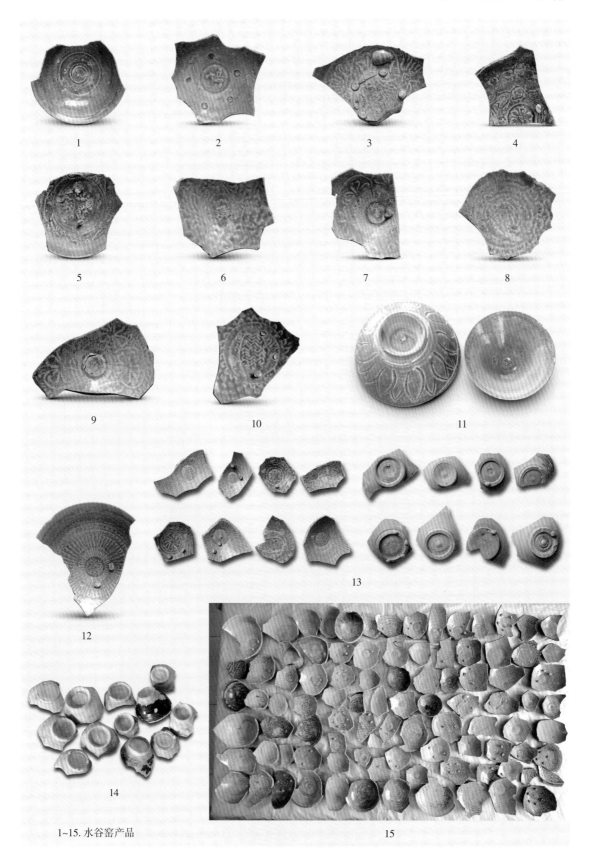

1~15. 水谷窑产品

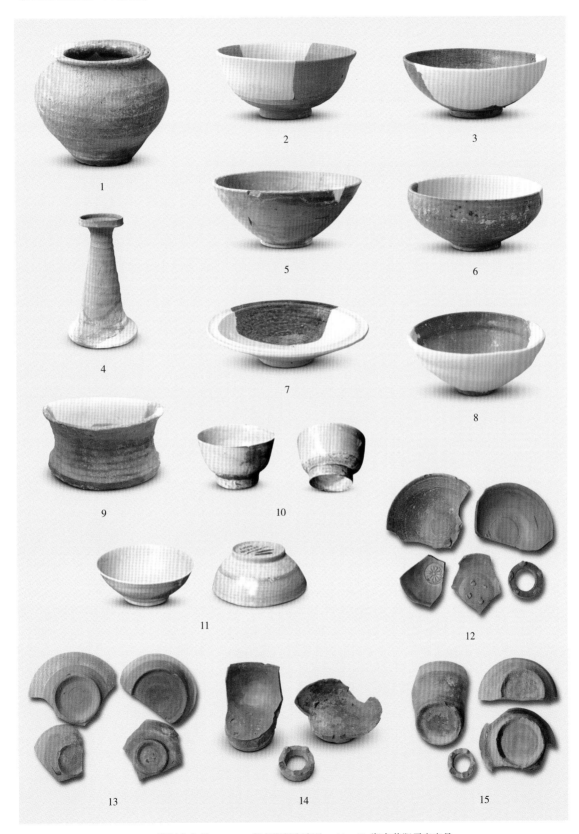

1~9.那恒窑产品　10~13.湖南衡州窑产品　14、15.湖南黄阳司窑产品

1. 窑柱 Y2 ①：6　2. 钵状支具 II H4：1　3. 钵状支具 II H1 ①：30　4. 钵状支具 H5：52　5. 钵状支具 H21：69　6. 盏
状支具 H21：121　7. 盏状支具 H5：59　8. 盏状支具 H21：11　9. "工"字形支具 T0204 ⑥：10　10. "工"字形支
具 H18：24　11. 喇叭口支具 II TG4 ③：13　12. 喇叭口支具 H5：55　13. 垫饼 II TG4H2：38　14. 垫饼 II TG4 ⑤：44
15. 圆形垫饼 T0204 ④：22

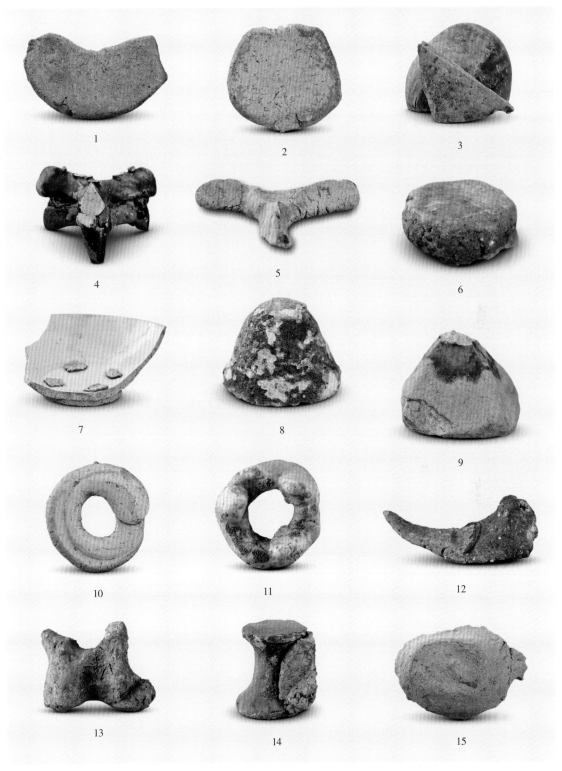

1. 腰形垫饼ⅡTG4⑨：5　2. 腰形垫饼ⅡTG4H3：14　3. 垫砖ⅡTG4⑤：11　4. 三叉支托ⅡH1①：23　5. 三叉支托 ⅡTG4③：14　6. 托珠ⅡTG4⑫：4　7. 托珠ⅡH1⑤：3　8. 托珠T0201③：6　9. 托珠H42：21　10. 垫圈ⅡH1④：2 11. 垫圈H5：69　12. 填料T0104④：55　13. 填料T0305②：2　14. 填料T0203③：17　15. 填料ⅡTG4⑤：49

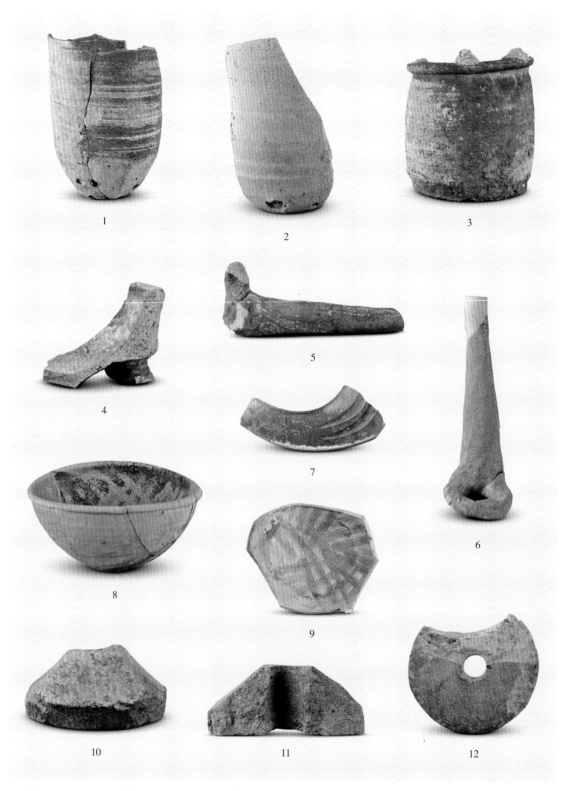

1. 匣钵Ⅱ H1 ⑩：5　2. 匣钵Ⅱ TG1 ①：2　3. 匣钵 H21：151　4. 匣钵 H23：1　5. 试火器 T0203 ②：132　6. 试火器 H20 ③：20　7. 试釉器 H36：6　8. 擂钵 TG2H4：1　9. 擂钵 H17：90　10. 支座 T0104 ④：99　11. 支座 T0204 ②：17　12. 碾轮 Y2 ⑥：1

1. 钵状支具 H3：7　　2. 钵状支具 H33：10　　3. 钵状支具 H5：14　　4. 钵状支具 H5：56　　5. 钵状支具 H21：153
6. 盏状支具 H33：40　　7. 盏状支具 H21：32　　8. 托珠Ⅱ TG4⑤：33　　9. 托珠Ⅱ TG4H3：15　　10. 三叉支托Ⅱ H1④：8
11. 支圈 H21：126　　12. 覆烧 TG4⑤：17　　13. 覆烧 TG4⑤：44　　14. 涩圈 H17：60　　15. 涩圈 H17：114　　16. 套烧
H21：132　　17. 套烧 T0203②：4　　18. 垫砖 H1⑫：3

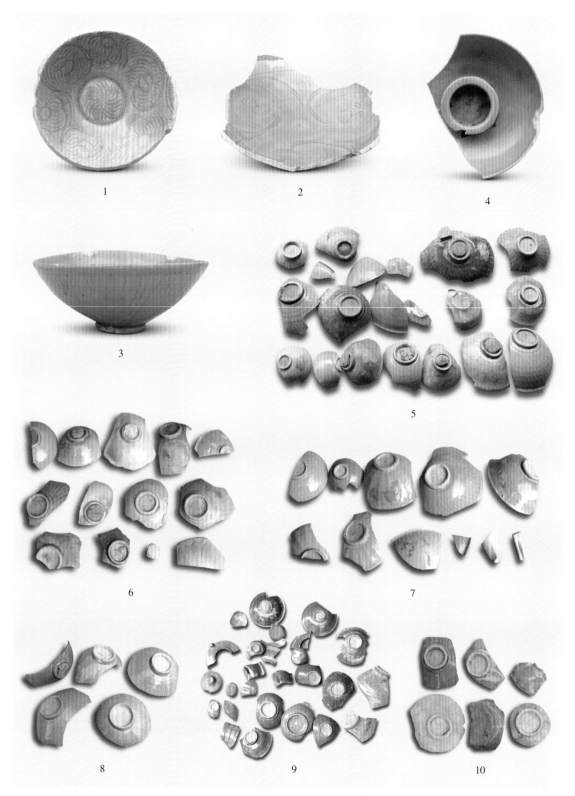

1. 金村大窑犇 TG2⑤：9　2. 金村大窑犇 TG2⑤：18　3. 大窑瓦窑坑 TG1⑥出土　4. 大窑瓦窑坑 TG1⑥出土　5. 金村 Y14 采集器物　6. 金村 Y20 采集器物　7. 金村 Y24 采集器物　8. 金村 Y125 采集器物　9. 石隆 Y2 采集器物　10. 石隆 Y3 采集器物

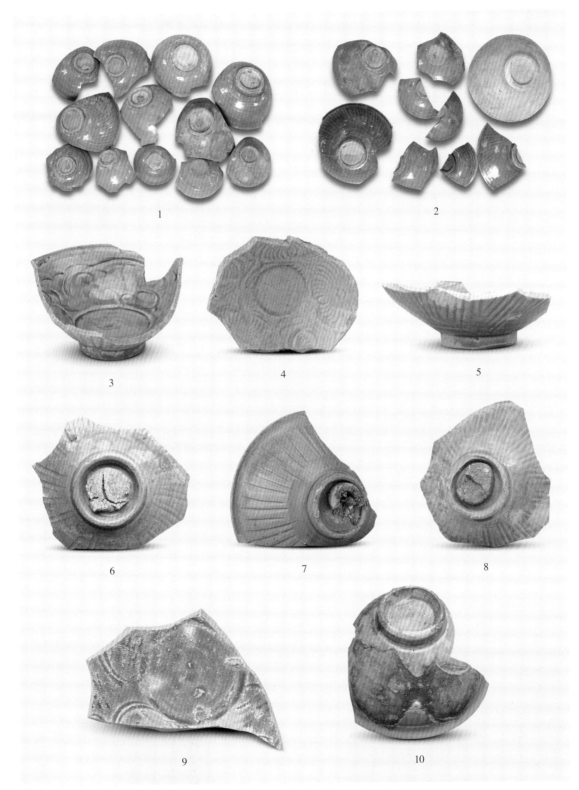

1. 龙泉东区 BY13 出土器物　2. 龙泉东区 BY15 出土器物　3. 黄岩沙埠竹家岭窑址采集　4. 黄岩沙埠竹家岭窑址采集
5. 松溪九龙窑址采集　6. 龙泉金村大窑犇 TG2 出土　7. 黄岩沙埠竹家岭窑址采集　8. 松溪九龙窑址采集　9. 松溪九龙窑址
采集　10. 龙泉金村大窑犇 TG2 ⑦ a：20

1. 桃江窖藏出土莲瓣纹碗　2. 临湘陆城出土莲瓣纹碗　3. 成都遂宁金鱼村南宋窖藏出土莲瓣纹碗　4. 丽水德祐元年潘氏墓出土莲瓣纹碗　5. 桃江窖藏出土敞口莲瓣纹盘　6. 龙泉大窑枫洞岩窑址出土敞口莲瓣纹盘　7. 满城元元贞元年张弘略墓出土敞口莲瓣纹盘　8. 宁乡冲天湾遗址出土敞口莲瓣纹盘　9. 宁乡冲天湾遗址出土折腹洗　10. 江西清江景定元年韩氏墓出土折腹洗　11. 龙泉大窑枫洞岩窑址出土折腹洗

1. 宁乡冲天湾遗址窖藏出土折沿盘　2. 龙泉大窑枫洞岩窑址出土折沿盘　3. 新安沉船出水折沿盘　4. 新安沉船出水执壶
5. 桃江窖藏出土执壶　6. 新安沉船出水执壶　7. 遂宁金鱼村窖藏出土敛口碗　8. 临湘陆城遗址出土盘口胆瓶　9. 德清咸淳
四年吴奥墓出土盘口胆瓶　10. 遂宁金鱼村窖藏出土盘口胆瓶

1.桂阳窖藏出土菊瓣纹盏　2.宁乡冲天湾遗址出土菊瓣纹盏　3.庆元胡纮夫妇墓出土菊瓣纹盏　4.新安沉船出水菊瓣纹盏
5.桃江窖藏出土斗笠盏　6.遂宁金鱼村窖藏出土斗笠盏　7.桃江窖藏出土高足杯　8.衡阳鸿福大厦窖藏出土凤尾尊
9.新安沉船出水凤尾尊　10.呼和浩特白塔村窖藏出土凤尾　11.湖南常德市出土荷叶盖罐　12.新安沉船出水荷叶盖罐
13.遂宁金鱼村窖藏出土荷叶盖罐

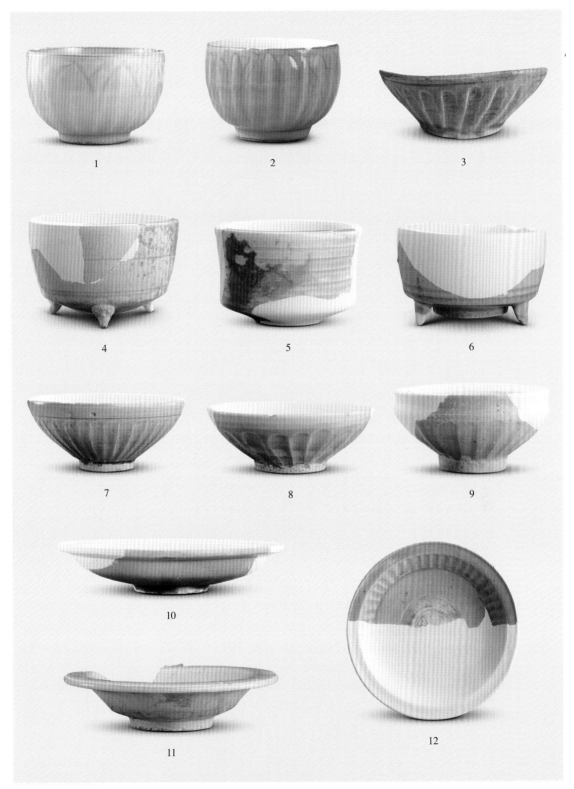

1. 遂宁金鱼村窖藏出土直口莲瓣纹碗　2. 龙泉大窑枫洞岩窑址出土直口莲瓣纹碗　3. 羊舞岭窑 Y51 采集的仿龙泉窑碗
4~6. 醴陵窑仿龙泉窑樽式炉　7. 醴陵窑仿龙泉窑莲瓣纹碗　8. 醴陵窑仿龙泉窑莲瓣纹盏　9. 醴陵窑仿龙泉窑莲瓣纹束口碗
10、12. 醴陵窑仿龙泉窑莲瓣纹折沿盘　11. 醴陵窑仿龙泉窑折沿碟

1. 白釉剔刻花牡丹纹罐　2. 黑褐釉剔划开光牡丹纹扁壶　3. 褐釉剔刻花折枝牡丹纹梅瓶　4. 黑褐釉剔划缠枝牡丹纹梅瓶
5. 黑釉剔刻花串枝牡丹纹罐　6. 黑褐釉波浪莲花并头鱼纹梅瓶　7. 黑褐釉剔划串枝海棠花纹花口瓶　8. 黑釉剔刻菊花纹经
瓶　9. 黑釉剔刻菊花纹经瓶　10. 双系褐釉剔刻菊花纹扁壶

1. 褐釉剔划海棠花和宝相花扁壶　2. 青釉竹节纹砚台　3. 青釉鱼盆　4. 褐釉鹿衔牡丹花经瓶　5. 褐釉龙与山羊图执壶
6. 酱釉凤鸟衔牡丹图四系瓮　7. 送葬狩猎图深腹大瓶　8. 天鹅图六系瓷瓮

1. 西夏秃发人首瓶塞　2. 婴戏纹深腹罐残片　3. 婴儿纹碗模瓷片　4. 灵武窑钱纹罐残片　5. "佛"字罐残片　6. 西夏"斗斤"文小口瓶　7、8. "东平王衙下"字款瓷片　9. "三司"字款瓷片　10. "官造"铭文茶叶末釉梅瓶　11. "宁夏府路较勘"字款瓷片　12. 元代"宁夏路"铜权

1~3. 1982年潭蓬出土的龙泉窑青瓷　4、5. 皇城坳遗址出土的龙泉窑青瓷　6~8. 洲尾出土的龙泉窑青瓷　9. 企沙半岛道路施工出土的龙泉青瓷盘

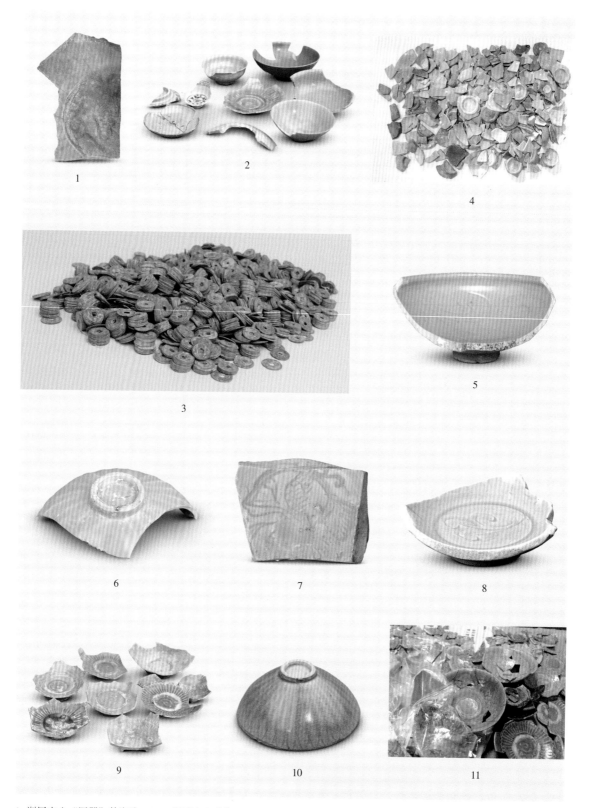

1. 洲尾出土"国器"款瓷片　2~4. 洲尾出土遗物　5~8. 防城港往越南方向海滩发现的龙泉窑瓷器残片　9~11. 洲尾出土的越南青瓷

1~9. 酱红釉器物

1~10. 珍珠地划花器物

1~11. 白瓷绿彩器物

1~11. 黑釉酱彩器物

1~4. 素胎黑釉花器物　　5~11. 黄釉印花器物

1~8. 黄釉印花器物